人工影响天气实施工程学研究

The Studies of Implementation Engineering in Weather Modification

许焕斌　著

气象出版社
China Meteorological Press

内容简介

　　人工影响天气不同于以预测预警等信息服务为主的传统气象业务,而是依据天气实况来实施人工影响、直达增益减灾目的的业务,这不仅跨出了传统气象业务范围,而且涉及多学科、多技术领域。为此,必须以人工影响天气部门为主导,建立"行之有效"的业务实施系统,且首先需要摸清及解决人工影响天气实施中存在着的本学科及外学科的各种问题。本书拟对人工影响天气工程技术研究中的相关部分做些学术性服务,谨供从业者参考。

图书在版编目(CIP)数据

　　人工影响天气实施工程学研究 / 许焕斌著. -- 北京 : 气象出版社, 2024. 10. -- ISBN 978-7-5029-8306-2

　　Ⅰ. P48

　　中国国家版本馆 CIP 数据核字第 2024W0Z571 号

Rengong Yingxiang Tianqi Shishi Gongchengxue Yanjiu

人工影响天气实施工程学研究
许焕斌　著

出版发行:气象出版社
地　　址:北京市海淀区中关村南大街 46 号　　　　邮政编码:100081
电　　话:010-68407112(总编室)　010-68408042(发行部)
网　　址:http://www.qxcbs.com　　　　E-mail:qxcbs@cma.gov.cn
责任编辑:王萃萃　　　　　　　　　　　　终　审:张　斌
责任校对:张硕杰　　　　　　　　　　　　责任技编:赵相宁
封面设计:艺点设计
印　　刷:北京建宏印刷有限公司
开　　本:787 mm×1092 mm　1/16　　　　印　张:6.75
字　　数:176 千字
版　　次:2024 年 10 月第 1 版　　　　　　印　次:2024 年 10 月第 1 次印刷
定　　价:60.00 元

序　一

非常幸运受到许焕斌老师的邀请,要我为他的最新研究专著《人工影响天气实施工程学研究》作序。此事对我既有喜悦也有担心。喜悦的是我又有机会学习许老师在人工影响天气方面的最新研究成果。这对我这个在人工影响天气和云物理研究一直有兴趣,但又几乎未下功夫无建树的研究工作者而言是个喜事。让我通过对本书的学习思考,较快地了解这一领域的前沿,这对我而言是一个难得的捷径,是喜事。而我的担心则来自对许老师新作理解的深度和广度,而最终要写出一篇够格的序言,这对我而言是件有相当难度的事。权衡的结果是应许老师之邀,力争写一个能够"及格"的序。

就我的知识而言,云物理和人工影响天气作为一门学科,相应地追求人类局部改变局地天气,从而避免人类生产生活的灾害损失而言,大概起始于 20 世纪 40 年代,至今已有 80 年的历史。在我国,早在 1956 年制定 12 年科学发展规划时,前辈大专家赵九章和钱学森先生就指出,并将发展我国云物理和人工影响天气学科列入了我国首个国家发展规划之中,并于 1958 年就在我国中国科学院、高校和中央气象局系统开展了此项科学试验与探索性应用。当年这方面工作在国家各部门层面开展活跃,很快就有了云雾野外观测和云宏、微观特征的分析结果,同时也开展了飞机和地面作业的人工降水和消雹的试验。由于云雾过程与宏观条件,与天气系统、气候背景,与区域地理、地形条件密切相关,其特征、过程与系统演变规律具有明显的区域和季节特征,因而获得这方面的信息,并建立起相应的数据库与概念模型、经验关系具有很大的重要性。这对具体地区的人工影响天气工程的实施和作业过程研究与作业(包括实验性作业)效果的检验研究,或者说,关于工程设计的期望效果与最终实况之间的偏离的判断与归因研究十分关键。这里面既有作业原理方面的不确定性,也有实施作业时机、部位与强度方面的不确定性,还存在作业期望效果与检测到的实况的不确定性。作为工程研究,这些方面的分析与研究十分重要。作者在著作中用多方面实例阐明了这方面的研究,这对于读者与实施者都有很大的启发。

本书在写作中充分总结了过去几十年来人工影响天气作业,在整体科技发展背景中,已有多方面的完善与改造,因而在当前的作业工程研究中,本书的内容和提法均立足于国际、国内的前沿。在工程研究的原理上涉及了促进云滴形成的碘化银、盐核、有机成份播洒等凝结、冻结核的产生与云滴、冰相粒子的过程,还对微物理过程中的起电过程与电荷分离反馈促进成云微物理作用。同时,对于爆炸防雹这个工程作业的有效性亦作了比较全面的分析,结合爆炸作业的手段、作业高度与作业部位进行相应的效果分析,科学地阐明这一作业起作用的和可能作用不明显的原因。因此对这一原理支持下的工程设计提供了指导。

这本专著对人们的启发与指导的另一个特点是全书在分析人工影响天气作业工程中十分注意作业引发对局部天气系统的多种过程的相互作用。从水汽等物质输送、气溶胶、云和雨、雹的微物理过程、不同区域的环流配置与微物理过程,到人工影响目标中消雹、降雨、抑制强风等等多种作用的同时存在与相互影响,体现了作者对于实际可能存在的多尺度与多种过程相互作用,从而通过作业的工程设计获取多种关联的期望效果。这样的分析方法是对指导工程设计具有创新性的研究,也是今后工程设计的方向。

许老师在本书中十分强调在工程研究中随时注意学习和联系当前国际科技不断涌现的新理论、新方法、新技术,包括近几年广泛关注的人工智能新技术,以及各类激光与大气中各种成份的相互作用在人工影响天气工程研究中的作用等。由于专著的篇幅,这些内容不可能详细介绍。本书给我们很大的启发,就是与时俱进、前途广阔。

许焕斌老师是我在北京大学的学长,比我早3年入学。他的同年级同学在我大学期间已经是我的任课老师。而他在大学毕业后的几十年间一直从事云物理、人工影响天气、大气数值模拟等多方面的前沿研究,并卓有成就。对我而言,他最为可贵的精神就是几十年来对科研事业的追求,对人工影响天气和云物理相关学科前沿探索和重要应用的追求。这种追求贯穿了许老师的一生,虽然与他本人的岗位责任关系越来越浅,特别是他退休以后已经没什么相关性。今年他已届九十高龄,还是如此追求这一事业,敏感于国内年青一代的奋斗,也敏感于国内国际的前沿科技。这些已经成为他人生的一部分。有感于此,学习此专著并写个序言,对我而言是一个学习的机会和对自己一生做人的鞭策。朝闻道,夕死可矣!

吕达仁[*]

2024年9月5日于北京

＊吕达仁,中国科学院院士。

序 二

许焕斌先生一生致力于云降水物理与人工影响天气的理论研究和实践活动,特别是在云降水过程的数值模拟方面,更是倾注了大半辈子的时间。先生年近九旬,退而不休,始终在关注人工影响天气事业的发展,还在不断学习新知识、新方法,探讨人工影响天气作业的科学性、有效性,这种对科学的执着精神,永远值得我们学习。本专著是继老先生近年出版的《强对流云物理及其应用》《人工影响天气动力学研究》《人工影响天气科学技术问答》《中国的防雹实践和理论提炼》等专著后针对人工影响天气工程实践问题撰写的一本专著。内容涉及人工影响天气多方面知识,从工程学视角总结了目前人工影响天气工作中的相关问题和面临的挑战,提出了很多在工程实践中值得重视的建议,有观测,有模式,有关于新技术的讨论。专著从问题梳理、专题论述、新科技介绍、数值模式构建、相关评论等方面展开论述,对从事云降水物理、人工影响天气领域的科技人员都具有重要的指导意义和参考价值。

银燕*

2024 年 8 月 28 日于南京

---

* 银燕,南京信息工程大学教授。

序 三

人工影响天气工程是建立在云降水物理学基础上、以防灾减灾为目的,实施人工增雨、人工抑制冰雹和局地强对流引起的地面强风等技术手段与装备布设。而人工影响天气工程项目往往涉及建设方案科学设计、监测手段升级补短、作业装备弹药采购与站点布设等具体建设内容。从业务应用方面看,既要符合大气水循环相变动力热力过程和云滴冰晶雨滴转化增长过程等科学规律,也有催化剂载体的性能测试、释放手段、作业与否的决断、作业时机、用弹量、作业影响区扩散反应和效果认证等工程技术难题,还有工程项目完成后的投入产出比等经济效益评估需求。《人工影响天气实施工程学研究》一书正是顺应国家大力发展各区域人工影响天气能力建设工程的现状,提出了人工影响天气工程领域所涉及的核心技术问题及解决途径。

接到许焕斌老师写序的邀请,本人诚惶诚恐。许老师是我的前辈科学家,他 1957 年毕业于北京大学物理系本科,与家父(濮培民)曾一起去苏联留学后回国工作,一辈子从事云物理和中小尺度天气动力学研究,在云雾的野外观测及云室实验、云数值模拟和强对流云结构领域深入研究,尤其在对流云人工增雨、人工抑制冰雹和下击暴流技术有独特见解和方法。本人虽一辈子从事云物理学与人工影响天气的教学研究,近几年也参与国家区域人工影响天气能力建设工程项目,但受邀为前辈的论著写序还是第一次。为此,认真拜读了本书的初稿及相关引证文献和许老师历史发表的著作,有疑问建议时及时沟通。在交流过程中逐渐领悟了许老师人工影响天气工程技术应用的思想精髓,也激发起科学理论与新技术发展在人工影响天气工程建设的引领作用。

这是一本涉及人工影响天气工程技术领域的总结性著作,无论涉及什么理论体系,都能归结到工程技术角度落地。从云物理过程的内在机理—如何应用—工程的切入点—作业目标区确立—作业后应该有什么预期等都有所论述。从阅读的角度看,无论有无系统的大气科学基础理论,只要具备基本科学素养和实际人工影响天气工作经历,阅读后都能从中获益提升科学认知与人工影响天气工作技术能力。本书首先梳理了人工影响天气工程实施过程中所涉及的各种不确定性,把人工影响天气行业的从业者工作中的痛点、难点与关键技术都一一归类列出(第 1 章),使读者很容易找到各自的关注点。之后再分头深入细致地给出解决的技术途径(第 2 章),尤其是增加了局地强对流的下击暴流造成地面大风灾害的应对方法,提出收风的对策是以往各种人工影响天气相关论著中未涉及的内容,可以在未来人工防雹实践中尝试实施。爆炸法防雹是中国古代的人工影响天气手段之一,如何构建人工防雹体系再提升是本书的重点部分(第 3 章)。在当今数值模式大发展背景下,提出了人工影响天气相关云模式的关键点以及模式新进展及新探索方向(第 4 章)。第 5、6、7 章分别介绍了人工影响天气技术相关的新理论、新手段、新实验等研究前沿,回答了诸如带电粒子增加降水的机理分析、飞秒激光轰击水凝物粒子激发 CCN 凝结核实验以及变频声场、礼花爆炸弹、燃气炮等声波所产生的可能效应等问题,指导读者在未来人工影响天气工作中关注实践并试验验证。第 8 章又回到时代进步对人工影响天气工程建设的促进新技术领域，分析了无人机群、人工智能（AI）在人工影响天气中的运用条件和作用，介绍了因果学的进展及其对人工影响天气效果评估的思路。适合于人工影响天气实施单位从事工程规划、业务指挥和装备操作人员的提升学习。

许老师退休后仍然奋斗在人工影响天气相关科研工作中，协助指导研究生。尤其注重利用参加学术会议机会深入基层调查收集人工防雹实践经验操作方法并加以总结理论提升。此次出版的《人工影响天气实施工程学研究》一书，与前期出版的《强对流云物理及其应用》《人工影响天气动力学研究》《人工影响天气科学技术问答》和《中国的防雹实践和理论提炼》等著作一起，是许老师一直关注着的、总结性的五部专著。新中国培养的第一代科学家这种持之以恒学术追求、孜孜不倦的机理探索精神是所有人工影响天气从业者学习的榜样。

最后，祝愿"新疆人工影响天气工程技术研究中心"在中国人工影响天气行业再创辉煌。

濮江平[*]

2024 年 7 月于金陵首善

＊濮江平，国防科技大学气象海洋学院教授。

序　四

非常忐忑又非常荣幸地受邀为许焕斌老师的最新研究专著《人工影响天气实施工程学研究》作序。许焕斌老师是我国云降水物理学和人工影响天气的主要开拓者和学术泰斗,一生致力于与云物理相关诸多学术前沿领域的理论和实践研究。许老师研究涉猎领域广博,从云降水物理学、人工影响天气理论到积云动力学、中小尺度动力学等学术前沿领域,以及云微物理方案的构造、中小尺度数值预报模式的发展再到人工影响天气的实施工程等均有高超的学术造诣和建树,特别是上述领域的开创性的理论和实践,其科研价值和成果超出了笔者的准确理解和认知,为许老师的专著作序,内心的压力和忐忑是可预知的。但是考虑到能够通过对许老师专著的研读和学习,了解和梳理许老师的研究成果及思想脉络,这对于笔者和广大青年学者的科学研究,能够提供科研世界观和方法论的指导和借鉴,这又是非常荣幸和期待的。在上述两者情绪的交织影响下,完成了序言,难免挂一漏万,管竹窥豹。

大气运动,特别是中小尺度运动及云物理过程的本质是多尺度与非线性。人工影响天气的学科基础是中小尺度动力学和云降水物理学,这涉及天气－动力－云降水物理等多尺度过程;同时,人工影响天气的本质是如何基于中小尺度非线性过程的激发,导致升尺度链和正反馈过程建立,进而影响到大尺度降水过程及其冰雹、大风等对流系统生消演变过程。许老师的这本专著对此有非常深刻、精准的分析及描述,体现了许老师在人工影响天气理论及实践上普遍意义上的认知高度及深刻的洞察力,为学科的发展指明了方向。

本书的章节结构纵横捭阖,体现了许老师高超的组织技巧及其深邃的学术思想。本书第1章梳理了人工影响天气实践中不确定性,聚焦暖云－冷云降水过程的水物质及相态循环、潜热环境等关键过程,探讨了强对流系统产生冰雹、大风等可能机制,进而对人工影响天气实践中的不确定性进行了溯源及理论支撑。本书第2章则聚焦于人工影响天气实践的典型场景——对流大风、雷暴、暖区降水等高影响天气的形成机理及降水效率,揭示和剖析人工影响天气实践中的关键科学和技术问题。第3章主要针对我国长期行之有效防雹实践中爆炸效应的机理及体系构成进行了阐述和论证。第4章主要阐述了构建人工影响天气数值模式的特点及原则,强调了保真的差分计算格式在中小尺度模式中的构造作用。需要指出的是,在模式的发展和构造中倾注了许老师多年来的付出和心力。许老师参与和指导了21世纪初钟青老师的保真差分计算格式的构建,近年来也一直推动和指导了笔者研发团队的区域离散能量保真模式的研发,目前该模式将进入业务化的测试应用阶段,许老师的推动和指导作用居功至伟。本书的第5、6、7、8章分别介绍了目前人工影响天气的新理论、新技术和新实践,细致论述了飞秒激光、强变频声波、礼花弹、燃气炮、无人机及AI等先进技术和手段在人工影响天气实践的应用思想、策略及前景。

本书是许老师近年来出版的《强对流云物理及其应用》《人工影响天气动力学研究》《人工影响天气科学技术问答》《中国的防雹实践和理论提炼》等专著后的又一部力作,也是许老师学术研究的集大成之作。该专著不仅涵盖了人工影响天气、中小尺度动力学、云降水物理学等多学科在交叉和融合层次上的前沿研究思想和成果,同时也包括了人工影响天气实践的指导思想、业务策略及规范等诸多实操技巧和经验。因此,本书既适合中小尺度动力学、云降水物理学、人工影响天气、高影响天气的机理及预报等诸多学科的理论探索研究,又适合人工影响天气实践的从业人员和一线作业人员的提升学习。

笔者追随许老师学习研究已二十余年,耳提面命,受益良多,在许老师指导下发表及共同发表 SCI 论文 20 余篇,指导科技部重大专项及国家自然科学基金委员会项目 10 余项,有幸成为许老师学术思想的受益者和推动者,感激敬佩之情油然。许老师已至耄耋之年,仍勤耕不辍,始终关注人工影响天气、中小尺度动力学、云降水物理学的前沿动态及发展,这种对科学探索的执着精神和家国情怀的赤子之心,是广大学者的楷模。至此写序之际,由衷表达对许老师的敬意和感激之情,恭祝许老师百岁期颐,健康长寿!

平凡*

2024 年 10 月 18 日

---

* 平凡,中国科学院大气物理研究所研究员。

序 五

2024年5月,新疆人工影响天气工程技术研究中心正式获得新疆维吾尔自治区科学技术厅发文成立。为庆祝这一国内唯一由人工影响天气部门成立的工程技术研究中心,新疆维吾尔自治区人工影响天气办公室资助出版许焕斌老师撰写的《人工影响天气实施工程学研究》。此书是许老师人工影响天气实施工程学学术成果的汇编,也是国内人工影响天气实施工程学领域的最新研究专著。

许焕斌老师是我国知名的人工影响天气专家,在人工影响天气实施工程学领域造诣较深,有很高的知名度和影响力。许老师长期关注新疆的人工影响天气工作,并付诸行动大力支持。近年来,他应邀多次为新疆区、地、县三级人工影响天气从业人员授课,深得学员们的敬重和喜爱,如2019年他应邀为新疆人工影响天气业务培训班现场授课,其生动的语言、深入浅出的思路、积极的互动和发人深省的提问,给全疆学员留下了深刻印象,使大家受益匪浅,业务能力有了明显提升。

应许焕斌老师的邀请撰写序言,本人倍感荣幸。作为新疆维吾尔自治区人工影响天气办公室及新疆人工影响天气工程技术研究中心的负责人,本人长期工作在基层,参与了若干人工影响天气工程项目建设,有些许工程化实践经验,但自身理论水平不高。收到写序邀请后,感觉有不小压力,我认真通读了许老师此书内容,仔细领会其中要领,深感振奋,受到极大启发。向着工程化应用的方向去开展人工影响天气工作意义重大,未来新疆人工影响天气领域可做、能做之事很多,此书为我们拓宽人工影响天气事业发展指明了方向,提供了较好的工作思路和方法。不敢说为许老师的著作写序,本人就结合新疆的人工影响天气工作谈点自我感受吧。

人工影响天气是随着科技飞速发展应运而生的一门学科,人工影响天气技术逐渐成为防灾减灾、保障农业生产、促进水资源合理利用的重要手段。新疆的人工影响天气工作起步于1959年,经过60多年发展,已逐渐由土炮防雹试验、飞机局部区域增雪,发展到拥有上千部地面作业装备进行增水和防雹作业的人工影响天气业务体系,每年使用5架飞机开展三大山区冬春季增雪作业,形成了空地一体的作业格局和基层协同的联防模式。新疆是典型干旱缺水的区域,也是冰雹多发区,每年各级政府投入在防雹增水作业和工程建设上投入大量经费,防雹增水的效果也得到了地方政府和当地百姓的认可。但新疆区域广阔,不同区域的天气气候和下垫面、降水时空分布和空中云水资源等均存在较大差异,都要求我们在开展人工影响天气作业时既要考虑作业的科学、精准、安全性,还要考虑作业时机、部位、数量(剂量)的适当性。这些都需要科学研究与工程实施相结合及人工影响天气工程实施的具体区域和作业效果检验的深入研究。新疆人工影响天气工程技术研究中心就是在这样的背景下申请成立的,我们希望能够通过实施一些工程项目增强新疆区域的人工影响天气作业能力,提升人工影响天气作业效果,更希望我们开展的研究能够服务于业务、成功应用于工程建设。

本书在总结人工影响天气作业方式及相关经验的基础上，介绍了当前我国用于人工影响天气的新理论、新技术，对如何实施人工影响天气工程、需要关注什么、用什么装备实施、人工影响天气作业效果如何等进行了系统阐述。本专著实用性和操作性都很强，能为新疆开展人工防雹工作提供科学指导。阅读此书，于我也是一次深入了解和学习国内、国际人工影响天气科学技术和工程实施的难得机会。再次感谢许焕斌老师对新疆人工影响天气工作和事业高质量发展的大力支持！祝我们共同为之奋斗的人工影响天气事业蒸蒸日上、未来可期！

严建昌[*]

2024 年 9 月 23 日

---

　　* 严建昌，高级工程师，新疆维吾尔自治区人工影响天气办公室主任，防雹实施专家。

前　言

新疆人工影响天气工程技术研究中心(简称"工程中心")于 2024 年 5 月正式经新疆维吾尔自治区科学技术厅发文确认进入运行期,标志着新疆人工影响天气工程技术研究中心的正式成立。人工影响天气的工程化是适应新需求及达到高质量发展的必经之路。新疆在我国人工影响天气发展的各个时期皆起着推进或带头作用,这时又率先启动人工影响天气工程性研究中心真是及时"给力"呀!

为了庆贺"工程中心"的正式成立和开启运行,吾能做点什么呢? 笔者老矣,已无力"务实"了,就"务虚"点吧! 于是就把近几年来的学习心得和调研结果,汇写成《人工影响天气实施工程学研究》这本书,作为学术素材,供"人工影响天气工程技术研究中心"年轻学子们浏览参考。

工程研究,特别是实施工程研究,是要解决实际问题并实现工程化的。其工程化过程,实质上已不局限于科学技术成果的简单应用,而是一个综合提升过程,是要建成一个集科学、技术、管理为一体的、经多学科和多技术的优化组合的、具有集约型功能的实体。

一个好的工程必须有坚实的科学基础,又要对其所依科学原理透彻理解、实现技术先进、工艺流程优化等。由于人工影响局部天气(特别是以对流活动为主导)的大气科学基础(云降水物理学和中小尺度天气动力学),不仅需透彻了解云-降水物理过程,还得掌握真正的中小尺度天气形成及演化特点。而如何有效地实施人工影响天气更需其他学科的合作,而且这样的合作,不是"并盘拼盘"式的,而是密切协同、融成一体式的。欲达此目的,既不可"遇难而退",又勿求"一蹴而就"! 唯有在精心筹划下,"步步为营"地干几年实事,才可能摆脱"山穷水尽疑无路"的困境。

本书不是去再述或精述原有的"知识",而是为建立人工影响天气工程技术做些学术铺垫。如:

(1)依据实践中出现的实际问题,来深化理解或发现已有的理论、技术、流程等方面存在着的"想当然"、偏离了自然图像的部分,设法纠偏扶正,尽可能地把一些模糊的事项或做法说明白;

(2)看看哪些该继承、发扬,哪些应更新或完善(update or upgrade);

(3)特别是在满足新需求方面如何摆脱观念性约束、突破关键性瓶颈,如何运用新科技进展去开拓新局面等。

本书拟从下列五个方面来按序书写:(1)梳理问题;(2)专题论述;(3)新科技介绍;(4)自建模式;(5)相关评论。

书中所引用的文字或底图,分别以参考文献、提供者、私人通信等方式说明了出处。除少数图外,大多是笔者参与完成的,就不再列出了。

书的写法基本上有两种,即教科书式和专题式的。鉴于本书是为建立工程体系服务的,所以就围绕着"专题"来把相关内容揉进去写明白。这种写法如仍出现"前不交代后又引用"的情况,还烦请读者参阅本书所列文献。

著　者

2024 年 9 月

目　录
CONTENTS

人工影响天气实施中不确定性的梳理
及提高确定性的方向

1.1 人工影响天气实施举措的期望与实际反映的区别

当前的人工影响天气业务实施的依据,基本还是概念式的,即冷云缺冰晶补冰核,暖云缺大云滴补巨凝结核。至于实况或实际过程中是不是真缺"核"并不在意,也未认真进行核查。播撒后的效应及其进程也认为是按概念流程期望的那样进行着。而实际是不是这样的呢?难以回答。为什么?因为尚没有组织过针对此问题的专门实例观测分析研究,仅有一些非专门的、附带性的、碎片式的观测分析,实属给不出结论的泛泛之言。

考虑到目前的观测分析系统得到的资料尚不能回答所提的疑问,所以就只能先做些数值模拟探讨,以求摸索些框架性的认识。这也是由于模拟所用的计算物理-数学模式已具备了某些理解观测现象、论证机理的功能,而且模式输出资料可提供全程求解信息,追溯起来,或对或错,一目了然。

从 He 等(2023)的个例模拟探讨的结果看,播撒作业不会影响总的降水大局,只能引起局地的、增减雨区相间分布的变化,而且从模拟全区来看,播与不播的降水演变曲线是叠在一起的,从增减雨量及其差值的量也是很小的。从播撒后的降水区域的时间变化(相当于自蓝区到红区)而言,是先减雨后增雨的过程(图 1.1,图 1.2)。

图 1.2 展示了播撒/不播撒的降雨强度差、两者的总降雨量差(单位:10^8 t)、3 min 净降雨增量和积累雨增量。由于播撒线与不播撒对比线的数值差很小,两线几乎重合。从图 1.2c、d 也看出增减雨量比图 1.2a、b 中的量小几个量级。

从这个精细的实例模式模拟探讨的图像可看出:

①播撒只是起到调节局部降水作用,且其调节的时空位置也难以预料;

②前期的区域减雨是局地减—增雨总效果,把握不了哪个地域是增雨还是减雨;后期的区域增雨仍是如此;

③前期的减雨及后期的增雨是不是反映着播撒浓度随时间的扩散有个由浓变稀的演化,造成前期"过量"减雨,中间"适量"增雨,后期"欠量"无作用?

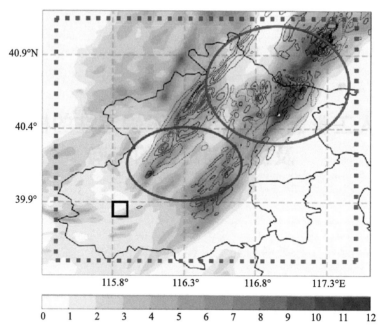

图 1.1　CR_Seed_100 播撒作业后 210 min 地表净降雨量增加(绿色影区：210 min 内的自然雨量；黑线：地表累积雨量变化,单位为 mm。黑框表示播区,蓝圈表示减雨量区域,红色圆圈表示降雨增强区域,红色虚线框表示播种效应的分析区域)

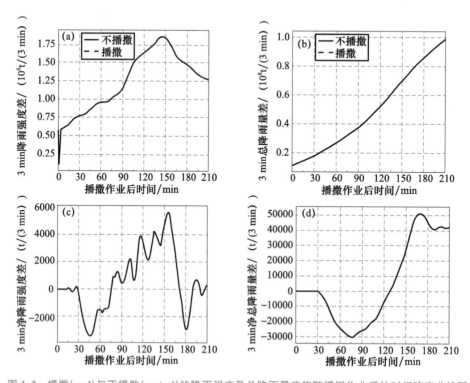

图 1.2　播撒(seed)与不播散(control)的降雨强度及总降雨量差值随播撒作业后的时间演变曲线图

因而,鉴于云体对播撒的反应在"时机、空间、剂量"三个方面都难以把握,何谈做到播撒作业的"三适合"(适合的时机、适合的地域、适合的剂量)!

从模拟播撒后的降水反应的时间来看,要播撒后 30 min 才出现降水;从外场播撒试验观测来看,也得等到 40~50 min(河北省人工影响天气办公室董晓波,私人通信)。既然在看到播撒后有降水反应也要等一段时间,那就可以经历了多个环节或者多种过程(如,云凝结核活化-沉淀增长-碰并……)才看到播撒的反应。不一定是"核化"一种效应走到底的结局,也可以是靠多种效应连成的效应链的串联结果。这又表明,播撒的效果表现不是"一锤定音"的,要看后续的进程演化。因而,即使做到了当时当地的"三适合"("时机、空间、剂量"),也不一定是能做到随时随地的"三适合"。

"三适合"是作业原则,但不可作为长期议论的题目来谈,作为一项工程项目需要着手去解决这个问题。这首先得从多方面努力来掌握作业云体的现况。至于演化,即实况随时间变化了。为此,要理清该做的事项,列入目标管理清单,动手做起来。

目前,了解作业云的实况尚不可依赖预报,预报只可用来做些准备,如何实施还得看实况。所以说,在有效的人工影响天气实施中实况比预报更关键。

1.2　微观效应与动力效应如何掌握

对云体应实施播撒,还是需施加动力扰动呢? 这要视云体的宏-微观结构而定。对于层状云,虽其宏观动力-热力结构较为均匀,但尺度范围广阔,依据大中尺度场间适应的原则,播撒区需要够大,对大区域具体实施动力人工影响是力不从心的,只能通过播撒些起"核"作用的"催化剂"来影响其微观过程。而对于属于小-γ 中尺度的对流云而言,其宏观动力结构决定着云体发展走向,微观结构是从属性的,影响它的目的是防范它强化为冰雹云,而爆炸等动力扰动的效应就是"抑制"对流过度发展,况且强对流云具有特征结构,其尺度较小,去"抑制或削弱"它是"力可从心",宜于施行外加动力扰动。

1.3　如何了解并掌握云体实况

鉴于目前观测分析系统尚不能单独提供近于自然的云场实况,就需要采用多手段捕获资料、提升对信息认识-认知能力,来得到准"实况场"。

何为多手段捕获资料,就是不拘泥于现有规范列出的项目,能收集到的皆拿来,凡可"拾遗补缺"者用之,凡增加"不确定性"者弃之。把资料"仓库"变成"数据库",或再提升为"专题信息库"。

何为提升对信息认识、认知的能力? 就是从表面观察本质,在透彻理解的前提下来确认它的物理含义,从而依据模糊的判断得出清晰的结论。怎么达到透彻理解? 能用实验做明白的做实验,该用理论了解框架的用理论,该用模拟再现能理解的做模拟,该用外场试验专门取证的就组织试验。这是工程化的重心,即着手解决人工影响天气的观测、实验、分析与模拟等多元协同融合问题。

1.4　暖云-冷云降水过程中的三重循环（水物质循环、水相态循环、潜热循环）

暖云降水过程主要是:水汽凝结—云水—转成雨水—降落到地面。

伴随着空中水循环:水汽—凝结—降雨—蒸发—水汽。

还伴随着热量循环:耗热—放热(回收热量、加热大气)。

可见,没有水的汽—液相变,就不能维持水汽循环,就没有淡水资源。

由于大气中水凝粒子群的冻结通常是在低于$-7\ ℃$发生的,所以云顶温度高于$-7\ ℃$时,才可能发生纯的暖云降雨过程。由于水凝物液滴的冻结概率正比于它的体积,倘若较大的水滴这时都难冻结,比它体积小的微滴粒子就更难于冻结形成冰晶,这就是水相粒子多而缺乏冰相粒子了,所以,虽然温度低于$0\ ℃$就存在着水—冰面饱和水汽压差,也利用不了吧!

冷云降水过程主要是:水汽凝华—云冰—转成雪、霰等固相降水物—降落到地面。伴随着空中水循环:水汽—凝华—降水—蒸发—水汽。

还伴随着热量循环:耗热—放热(回收热量、加热大气)。

再可见,没有水的汽—冰相变,就不能维持水汽循环,也就没有淡水资源。

同理,云底温度低于$0\ ℃$时,才可能发生冷云降雨过程。

鉴于冷云降水过程的冰面饱和水汽压比水面饱和水汽压最低可达13%左右。在同样的环境温湿度下,冰晶的凝华增长比水滴的凝结增长条件要优越,再加上冻结潜热又约占凝结潜热的13%。所以,从云微物理学来看,冰晶粒子增长会快些;从热力学来看,冷云过程的卡诺循环效率更高些。

一般的云,是冷—暖混合云,是汽—液—固相变,液—固粒子间还有相互作用,并都伴有三个循环。

热量循环的伴随,似乎解除了一些促进空中水汽循环就必会陷入"拼能量"的担忧。

1.5 为什么强对流云能够产生多种灾害天气现象

强对流云可以产生降雹、阵性暴雨、对流大风、雷电、龙卷……

为什么强对流云会产生这么多灾害天气现象?

强对流云要降雹(在云中它的尺度需大于$1\ cm$,落速大于$15\ m/s$),雹云中必能兜住雹或雹胚粒子群在云中低温区起码待$6\sim10\ min$去长大。

强对流云要下"倾盆大雨",云中也得有个"盆",而且还得把雨灌进盆,保持住盆的姿态,然后再"倾盆"。

还伴有雷电,涉及起电和放电等雷电物理学。

地表对流大风是云中爆发下击暴流(干、湿)引起的,同时可出现龙卷,这些都是强对流云物理的核心问题。

鉴于这方面的知识是残缺不全的,必须从再观测入手,也只能用观测系统才能去了解实例强对流的具体活动,进而归纳出规律。但发现,要弄清这些问题单靠传统的探测—天气—动力学是难以切入的,须跳出环境或背景形势静态研究分析的框架,须与强对流、雷电物理学融成一体来探讨了。

1.6 关于云水资源的再思考

由于感到云水资源及空中水循环中有些疑问,为此做了再次思考。

1.6.1　水资源的分布

据毛节泰教授的 PPT 介绍：

水在地球上的分布是：海洋 135 万单位（1 单位＝1 万亿 m^3，下同）；

极地冰和冰川　1.5 万单位；

地下水　8400 单位；

地表水　200 百单位；

大气水　13 单位；

云水　　0.7 单位。

各家估值虽有差别，但差别大多在 10％ 之内。例如，有学者估计大气水为 12 单位。

＊全球的云水储量约为 0.7 单位，长江年径流量 0.97 万亿 m^3。

＊全球年大气水交换量为 423 单位，是大气水的 31.5 倍。水在大气中存留的时段为 11 d。

＊由于大气空中水库存水量很小，其变化量更小，全球降水量一定等于全球蒸发量。

＊对大尺度降水系统的最高期望增雨量小于 150 万 m^3 水/（3000 km^2），相当于增雨量 0.5 mm（私人通信，王飞），相当于 50 万 m^3/（1000 km^2）（标准单次作业增雨量 $m_e = 5^5 m^3$）。

1.6.2　空中水循环和空中水资源再思考

有诗曰："黄河之水天上来，奔流到海不复还。"诗中的水如果包括了水汽，则应改为"黄河之水天上来，滚滚东去空中还"。实际上则是"地上之水天上来，江河归海空中还"。这就是空中水循环。

空中水循环的过程是：含水面蒸发的水汽 E_v，到空气中发生相变，成为云凝结物粒子群，其中的一部分演化为地表降水 P_r，降到地面的水再次反相变为水汽，返还到空气中。

可见没有水的相变就形不成空中水循环。没有空中水循环，就会中断水汽的供应，降水难以维持，何谈淡水资源？

在全球水循环中需要估算下列各量：(1)总降水量；(2)总蒸发量；(3)径流量；(4)潜流量；(5)水汽通量；(6)水凝物通量；(7)水冰雪变化量；(8)地表含水量。

在空中水循环中则只需估算下列各量：(1)总降水量；(2)总蒸发量；(3)水汽（通）量；(4)水凝物（通）量。

降水量可转变成径流量或潜流量，把水运输到另地去蒸发。相比之下，空中水循环比全球水循环简单，回避了潜流量、径流量、水冰雪变化量和地表含水量。

全球空中水循环总是可看成内循环。所以大体可估计这些量的量级数，但由于各个量级数间相差巨大，(1)、(2)两项是海量级，而人们关心的水汽量、水凝物量皆是难以观测的微量，即使总降水量和总蒸发量的量级估计是可信的，海量间的微差值是没有实际应用价值的，即不能用海量差法来得到(3)、(4)项可信量值。准确估算这些量更是不可能的。例如，关注的量是两个海量差的微量，无论是以两个海量估算值的差或直接去估测这个微量值时，皆可以得到一个小数点后足够多的数值，即可得的足够精确的大于零的数。但是这个微量数 N_e 有没有实际意义还得看测量值的有效位数截止于小数点后第几位 N_e？若 $N_e = 5$，微量值的非零值位数多于 5，微量值虽有不等于零的数值也是没有实际意义的。

所以,全球空中水循环只能对认知水循环提供概念性知识。那么,区域大气空中水循环的情景是怎样的呢? 见图1.3,图1.4。

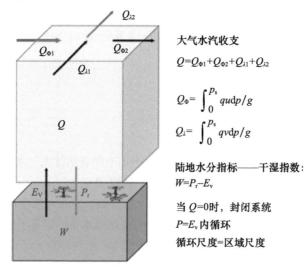

大气水汽收支

$Q=Q_{\Phi 1}+Q_{\Phi 2}+Q_{\lambda 1}+Q_{\lambda 2}$

$Q_\Phi=\int_0^{p_s} qu\mathrm{d}p/g$

$Q_\lambda=\int_0^{p_s} qv\mathrm{d}p/g$

陆地水分指标——干湿指数:

$W=P_r-E_v$

当 $Q=0$ 时,封闭系统

$P=E_v$ 内循环

循环尺度=区域尺度

图1.3　给定区域内的水收支示意图(中国农业科学院许吟龙提供)

图中 u、v 分别是纬向风和经向风

水汽通量只描述流动状况,不直接反映可利用的水资源多少。为此,暂不考虑通量的作用。当循环尺度等于区域尺度的情况下的恰好内循环;这时的 $E_v=P_r$。

无水相变的是无水资源的水汽循环;有蒸发(相变)无降水的是有水汽源、无水资源的水汽循环;有蒸发(相变)有降水的是有水汽源、有水资源的水汽循环。在循环尺度小于区域尺度的情况下,有可能出现多于一次的多次内循环(图1.4)。

区域内循环次数=3

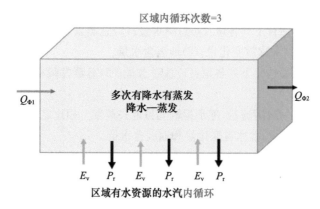

多次有降水有蒸发
降水—蒸发

区域有水资源的水汽内循环

图1.4　区域内发生多次内循环的示意图多次内循环的次数＝区域尺度/循环尺度

当 $P_r>E_v$ 时,只有区域外循环,即必须从区域外供应水汽

如何来探讨区域空中水循环? 先明确空中水循环的几个概念。

区域尺度,循环尺度,内循环(内循环度 $E_v/P_r>1$),外循环(外循环度 $E_v/P_r<1$),区域循环次数≥1时的内循环才可能完成一次,外循环不可能在区域尺度内完成。

实质上没有水汽相变就没有可供利用的水资源和可提供水资源的空中水循环。空中水汽相变是由大气动力过程来决定的,大气动力过程产生降水。而实际蒸发量是大气与陆(水)面相互作用过程来决定的,而不是蒸发皿的量能给定的。研究空中水资源和空中水循环,必须了解大气动力学过程和采用相关的动力学方法。不可局限于微物理或动力学某一方面。

对全球空中水循环来说,是内循环,$P_r=E_v$。探讨全球空中水循环的只能是学术性的。因为目前没有进行全球人工干预水循环的可能,反正是无法实施的事,就随意谈吧。

区域空中水循环,必须把空中的水转化为地面降水,才算是水资源。而且只有内循环才可能做到全程干预,不然就是点或环节干预,这也就失去了考察区域空中水循环的原意。探讨区域空中水循环的原意不就是想在区域尺度范围内提高空中水循环的次数吗?

给定一个区域,即确定了区域尺度。

当 $P_r=E_v$,恰好内循环,循环尺度=区域尺度,可完成区域内的 1 次(降水—蒸发)循环。

当 $P_r>E_v$,外循环,循环尺度<区域尺度,在区域内不能完成循环。

当 $P_r<E_v$,内循环,可完成循环=(区域尺度/循环尺度)的取整值。

对探讨可提供水资源的空中水循环来说,最关键的是估算出起码可信的降水量和实际蒸发量。

如果拟用于人工影响天气来开发区域空中水资源,是应当深入推敲一番进行干预区域空中水循环的可能性问题了。而且还得细致探讨人工影响天气的干预对上述自然空中水循环的影响。由于判断内外循环的是 E_v、P_r、区域尺度和循环尺度,其中区域尺度是可以人为选定或主动调整的,而循环尺度是随着区域内的 E_v、P_r 量值推算出来的,再次说明了估测降水量和实际蒸发量的重要性。至于人工影响天气的干预对上述自然空中水循环的影响,还得找出人工影响天气对自然区域内 E_v、P_r 的变化:ΔE_v、ΔP_r。这两个量的比值可改变循环的内-外性质,也可能变更循环的可干预性? 如干预后出现的情况是:

* $P_r=E_v$,恰好内循环,可完成区域内的 1 次(降水—蒸发)循环,需不需调控?

* $P_r>E_v$,外循环,循环尺度<区域尺度,在区域内不能完成循环,可不可调控?

* $P_r<E_v$,内循环,可完成循环=(区域尺度/循环尺度)的取整值,再不再去调控?

如何从调控中开发出更多的云水资源?

总的变化趋势是:E_v 变大和 P_r 不变或变小,会使原来的外循环区域变成内循环区域;反之,E_v 变小和 P_r 不变或变大,会使原来的内循环区域变成外循环区域。而所期望的是区域 P_r 增大且循环可控。这就出现了 3 方面问题:一是干预目的是从增雨着手还是从减雨着手? 二是增减降水容易还是增减蒸发容易? 三是内外循环那种可控? 如何控? 是不是变更循环次数皆应是整数倍才可能起效? 非整数倍行不行?

鉴于目前对这两个量在单站都不能测准,更别说取得可用的场资料了,遥感资料可以给出一些场分布,据说即使对大尺度降水云的可降水量的估计误差也在 5%~7%,陆面误差还高些,均方根误差(RMSE)=3 mm。目前人工影响天气的变更能力(大尺度降水系统的增雨量可达到 50 万 m^3 水/(1000 km^2),相当于增雨量约 0.5 mm)完全淹没在误差之中了。直言说,在相当长的一个时期内没有起码的资料可用,仅可能去作为谈论议题而已,离应用还远。

在目前没有起码可信资料的情况下,只能用有完整输出的区域气候资料来探讨大体方向,连探路都算不上。顶多是借月平均气候模拟输出资料,来运行一下分析流程,看能得出什么景象而已。

选了"RCM(区域气候模式)—PRECIS(Providing REginonal Climates for Impacts Studies——Hadley Centre)提供的东亚月平均值"资料。现将得出的一些初步景象简介如下。

实际在探索是不是内/外循环中,只是在不断扩大计算区域,使 $E_v=P_r$ 时的区域尺度是否超过 1000 km? 如小于 1000 km 则认为是内循环;大于 1000 km 则认为是外循环。

* **乌鲁木齐及东南地区：**

1979 年 7 月，内循环，循环尺度 350～200 km，

I: 41－35 $\Rightarrow$ 7×50 km；J: 38－35 $\Rightarrow$ 4×50 km；

1979 年 1 月，内循环，循环尺度 600～700 km，

I: 46－35 $\Rightarrow$ 12×50 km；J: 49－35 $\Rightarrow$ 14×50 km；

I 为东西向数据格点数；J 为南北向数据格点数。

冬夏皆是内循环，但夏循环尺度小于冬日值。

注：I，J 表式模拟资料格点的编号，格点间距是 50 km。

* **呼和浩特及东南地区：**

1979 年 7 月，内循环，循环尺度 400～300 km，

I: 85－78 $\Rightarrow$ 8×50 km；J: 50－45 $\Rightarrow$ 6×50 km；

1979 年 1 月，外循环，循环尺度＞2000 km，是蒸发多于降水近达 10 倍，虽有水汽，但降水天气弱，是水汽外出型。

* **成都及东南地区：**

1979 年 7 月，外循环，循环尺度＞2000 km，

外循环度＝1.0－0.537，

降水多于蒸发，水汽需由外输入；

1979 年 1 月，内循环，循环尺度 250～1150 km，

I: 69－65 $\Rightarrow$ 550 km；J: 92－70 $\Rightarrow$ 23×50 km。

由此可见，即使资料完整可信，判定的是否内、外循环或是循环尺度皆是随天气气候条件而变的，其可调控性也随着不同的天气实情而改变，而且变幅之大超出了人们的可调节能力，何况没有起码的完整可用的资料，甚至连空谈的基础数据都缺乏。

认识到"没有空中水循环就没有水资源"，在空中水内循环范围中，靠增加水循环的次数是有望开拓云中水资源的。例如在给出的尺度范围内，原本能完成一次内循环的增到 1.2 次，"是不是"就意味着可增加 20％的云水资源？即使回答是"是"，也只是在认知上有了进步。但如何促进空中水循环来开发空中水资源，仅有认知是不行的。从认知了到可实施之间的"距离"是难以揣测的。估计在相当长的时期内，没有实际可能去利用增加空中水的内水循环次数来开拓云水资源。

既然如此，还不如把精力转到掌握云体的现况，审时度势地促进水汽凝结增加云水，再设法把它们降下来，能多降点雨才是可行的实事。实践及模拟论证表明，这样的干预往往只会变更原有的自然降水分布，对区域总降水量的影响并不明显。可是，即使不能变更区域降水总量，只要有了降水分布调节能力，也就有了更有利于利用降水资源的手段了，总算是提高人工影响天气能力的一种可行方式吧！

再者，全球云水资源，又处于运动或在循环中，区域应当能分享一部分全球资源，如何来用上全球资源呢？

专 题 论 述

本章将对如下专题分节进行论述或再论述：对流大风的形成过程及"收风"对策；暖云增雨的"瓶颈"究竟是什么？云体降水效率的物理本意和研究方法；雷暴云中的云闪及防雷；常规效果评估局限性和新的评估思路；强对流云形成过程与湿中性层结大气动力学。

2.1 对流大风的形成过程及"收风"对策

强对流云之所以会产生大风是由于它能暴发急速下沉气流（下击暴流）。

2.1.1 菸（烟）田雹灾的特点：雹砸、雨冲、风搅

据调查，云南的曲靖、红河，贵州的威宁、烟田发生雹灾的最小冰粒尺度为碎米粒大小，即3 mm，并伴有风灾。因此，不仅要防雹、防霰（冰粒），而且要"收风"（图2.1）。

图 2.1　贵州威宁烟田的风雹灾害图例（威宁气象局，陈林）

2.1.2 对流大风的形成过程

对流大风,特别是可致灾的时空尺度够大的对流大风,不论是源于下击暴流,或深厚冷堆密度流,或区域下击暴流簇(Derecho or downdraft cluster),皆需对流云体具有准稳定或断续的湿下沉冷气流的支撑。

在湿不稳定大气中,形成一支强湿上升气流是必然的,但暴发湿下击暴流则较为复杂。

激发下沉可有三个因子:动力扰动气压、水凝物拖曳和冷却负浮力。前两者比较易于估算,而造成冷却负浮力的湿下沉气流需要云体的宏、微观场的配合:一是云体要有一个预发展过程,形成一个强大的对流云体并产生大量的凝(冻)结水;二是云内有机会启动出现下沉的负反馈因子,及云外的相对干冷空气的平流突入来支持湿下沉气流的发展,而湿下沉必须要伴有蒸发、融化消耗冰水凝物,这就需要有一个从上升气流区到下沉区的水物质输送通道。

观测分析表明,下沉气流的发展又对强对流特征垂直环流的形成与维持起重大作用。干冷空气在中、高层突入云体,对下沉支气流的发展很重要。但干冷空气突入后,能否发展成一支强湿冷下沉气流,就要看云中水分的供应和相变降温的情景了。例如,一团空气从 500 hPa 处,湿绝热下沉到地面,饱和比湿的增加量大约是 8 g/kg,如果一份云中含水空气与 n 份干冷空气相混合,并一起作湿绝热下沉,那么就要消耗 $n \times 8$ g/kg 的水,云的静态含水量通常达不到这个值,必须要有一个动态的水供给体系。所以云体必须够大,下沉气流的冲蚀不能搞垮整个的上升气流,这还依赖于因下沉暴发的气流流型演化倾向是否适配。

下击暴流发生演变过程单靠观测是难以全面了解的,需作数值模拟来帮助理解。模拟结果表明,蒸发和融化降温的负浮力是主要驱动力,当然负载力应是启动下沉运动第一性的原动力。

对流大风形成过程中,常在对流发展后期的负反馈启动时暴发。为此,需注意捕获流型转换的拐点。

为什么强对流云的演化后期会暴发下击暴流?这属于强对流云体结构演化中的云体物理学问题。但可从强对流单体的天气现象出现时序(不是局地天气现象出现的时序)看出些端倪(图 2.2)。

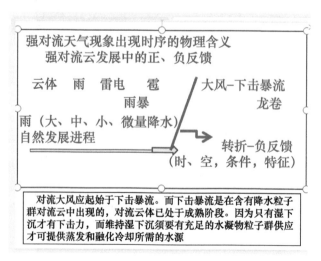

图 2.2 强对流云体中天气现象出现时序及流型转折点位置示意图

由图 2.2 可见,在对流发展前期,其动力因子——流场处于主导地位,降水过程处于从动地位。降水物所具有的负反馈因子还不足以去改变其流型的自然进程,主流场仍是上升气流。云、雨、霰、雹、雷天气现象皆可在此阶段发生。随着负反馈因子的增强,被启动的负反馈于中层触发了气流下沉,如果能引导着云外干冷空气平流侵入(云体中层辐合),伴随着水凝物粒子群的蒸发、融化,可使湿下沉气流发展成一支与上升气流支对峙的下沉气流,完成了流型转换,从发展阶段进入到成熟阶段。拐点的出现就在云内因子反馈启动与云外气流平流侵入适配之时。所以,对流大风的形成得处于云体旺盛发展阶段后,并出现了(下击暴流)流型转变的拐点。

2.1.3 冰雹及霰下落冲击对下击暴流暴发的作用

强对流云的发生发展是大气位势能向动能的转化,是调整态,而调整的方向是由发展演化中的正负反馈因素决定的。

在云的发展前期,流场因素是主导因素,因为流场发展处于主动态,其他各场只能被动地跟上去与之适配。这时流场与其他场的关系是主从性的,云体发展流场处于正反馈状态,负反馈尚不能被启动。例如,可起反馈作用的水凝物负载不但未能压制主上升气流,反而被顶成有界弱回波区(BWER),而有界弱回波区是负温区,不会发生冰粒子的融化降温,即微观场能对流场起负反馈的因子没有条件启动。

没有破碎增长限制的大雹粒子因其具有大的落速及阻力突然变小,可以克服强上升气流的兜托而下冲到正温区,融化降温,从而启动负反馈过程。

图 2.3 是维持强对流对峙环流中下沉支发展的双零线结构的供水-耗水物理模型图。

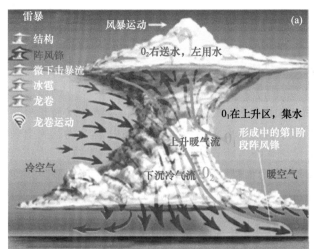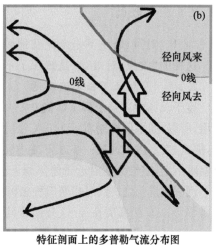

图 2.3   有利于维持对峙对流环流及同时具备供水—耗水功能的双"0"线结构示意图(a);
与(a)对应的多普勒雷达径向特征剖面上的径向风分布特征示意图(b)
(强对流云对峙环流的聚水和耗水链;0_2 为在 2 支交界处的"0"线;0_1 为在上升支中的"0"线)

从图 2.3 看出,强对流云常有这样的特征环流:即一支气流上升,另一支气流下沉,2 支气流对峙着。这样的环流结构有着自启动自维持的功能。

不仅如此,还可出现 2 个零速度线(简称零线或 0 线、"0"线)线:一个在 2 支交界处(0_2),一个在上升支中(0_1)。1 号"0"线具有对粒子群的集聚能力,是聚水区;2 号"0"线在下沉区,在重力作用下,粒子群只能下落,并在下落中蒸发、融化,消耗水凝物粒子群,组成了升水—聚水和耗水的流程链,这是有利于下击暴流形成发展的。

从图 2.3 还可以看出,下击暴流的发生必须有水凝物的储备,也伴随着上升支的凝结(华)热的释放与在下沉支流的蒸发融化热的回收。当然,维持着这种具有耗散系统特征的上下切变式的对峙流型是必须有能量输入的,所以,只能出现在有强烈自然位能-动能转换时(如雹暴、雷暴、风暴)。

2.1.4 对流大风发展演化过程中需把握的要点或拐点

(1)对流云体出现下击暴流的云体尺度、强度、各场结构及配置特征、所处演化阶段及启动负反馈引起下沉的因子的时空位置和临界值?

(2)云中湿冷气流下沉是否启动? 是否先要水物质负载启动? 启动的时空点与 0 ℃层——"0"线的配置特点,云外平流突入的作用?

(3) 湿-冷下沉中的演化情景,是如何影响着下击暴流能否及地的? 如:下沉气流中水凝物粒子群的相态—谱(供应量及逆相变冷却潜力);估计水凝物粒子的供应量够不够? 蒸发—融化中的相变降温速度及持续时间能不能加速或维持下击暴流冲到地面? 是不是只到半空而止?

(4)云体流场的流型转变,是否有利于上下两支对峙环流及其与 0 ℃线适配的双"0"线结构的出现?

(5)0 ℃层下的回波中心在下落中衰落快慢是否可反映下击暴流及地的趋势?

(6)云体过境时的地面各要素的时变次序等,是否包含着流型转变的信息?

2.1.5 "收风"

"收风"对策:防止下击暴流及地或动力搅乱中低层下击气流阻止其及地。

这样的"收风"对策,只是减缓了不稳定能量转换的强度,并不存在"拼能量"的问题。

2.1.5.1 防止下击暴流及地

鉴于云体中冰粒子群下落到 0 ℃层后的融化降温,对激发和维持下击暴流的发展起着关键作用,所以,如果能控制雹云于 0 ℃层处冰粒子群的尺度大小,使其在落到中-低空前就完全融化了,那么,当下沉气流进一步在下冲中失去了融化降温环节时,再加上低层空气湿度大,雨滴蒸发降温跟不上,空气会在沿近干绝热线下沉增温中被抑制,这就可导致下击暴流不能及地。

现举例说明之。红河州烟田种植海拔高度集中在 1400~2200 m,平均 1800 m,气压 600 hPa;防雹季节 0 ℃层高度在 4~5 km,平均 4.5 km。0 ℃层到烟田高度差约 2.7 km。

多大的冰雹(d_{00} cm)在降落到 0 ℃层($Z_0 = 3$ km)以下融化到不成灾的 d(冰雹直径)<0.05 cm Z_d 的高度(降落距离 $L = Z_0 - Z_t$)?

估算数据如下:

$d_{00} = 0.8$ cm,$Z_d = 0.00$ km,$L = 3.00$ km,离烟田高度 $L_t = 0.00$ km;

$d_{00} = 0.5$ cm,$Z_d = 0.97$ km,$L = 2.03$ km,离烟田高度 $L_t = 0.97$ km;

$d_{00} = 0.4$ cm,$Z_d = 1.33$ km,$L = 1.67$ km,离烟田高度 $L_t = 1.33$ km;

$d_{00} = 0.3$ cm,$Z_d = 1.71$ km,$L = 1.29$ km,离烟田高度 $L_t = 1.71$ km。

据此可见:防雹仅需把云中雹直径控制在 0.8 cm 以下,与常规防雹要求相当;但防雹+防风需把 L_t 控制在离地面高 1.3 km,以防范下击暴流冲到地面,就得把云中 0 ℃层处的冰雹直径控制到 0.4 cm 左右。这虽然明显提高了作业指标,但并无原理性障碍。

在具体实施中,先估算出 0 ℃ 层处的 d_{00},再由雷达回波资料统计出相应的回波强度 db_{00},一旦发现雷达回波在 0 ℃ 层处接近 db_{00},及时施行防雹-"收风"作业。

对于雨滴蒸发,在离地面 3 km,$d=0.2$ cm 的雨滴落到离地面 0.6 km 处时,其直径 $d<0.005$ cm。

计算结果:$n=522,d=0.00$ cm,$d_{00}=0.20$ cm,$z_u=2.00$ km,$z_d=0.60$ km;

地面的温度和气压:$t_r=287.53$ K,$p_o=802.4$ hPa。

2.1.5.2　云下冷堆的形成后暴发密度流引起的大风

另一个地表强阵风形成因素是云下冷空气堆垮塌时的密度流外冲。由于冷空气堆的形成有个过程且需要出现暴发垮塌的条件(湿冷下沉气流⇒填入地表低压形成冷池-不会垮塌⇒湿冷下沉气流继续涌入形成冷堆高压-可能垮塌),如果冰粒子群或雨粒子群在中低空已耗尽,空气应沿干绝热线继续下沉,在云下已难形成冷池,就更不可能去形成可垮塌的高耸冷堆高压了。

2.1.5.3　动力扰动抑制

经模拟对比试验得到的初步估算显示(图 2.4):未加动力扰动的下击暴流算例(K_{EXP}-0),水平风速最大值可冲到离地面 160 m 处;而在以离地面 340 m 为中心的直径 200 m 范围内施加应力扰动 5 min 后,加动力扰动的下击暴流算例($K_{EXP}=1$),水平风速最大值冲到离地面 280 m 处。$K_{exp}=0$ 时表示没有爆炸,$K_{exp}=1$ 时表示有爆炸。

加与不加动力扰动的模拟算例表明,因下击暴流引起的最大水平风速中心位置提高了 6个格距(-120 m),水平位置也远离了 7 个格距(140 m),即水平最大中心被抬高和远离了,但水平风速则比加扰动的值增加了 4~5 m/s。这已经看出了有阻隔下击暴流及地和驱离保护区的征兆,值得进一步来探讨。

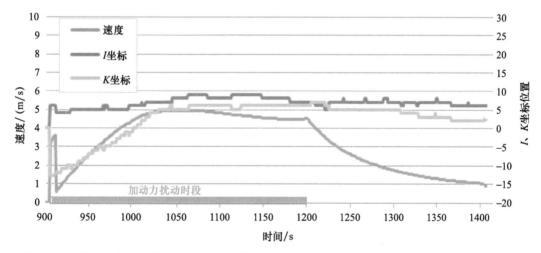

图 2.4　在加动力扰动时段(5 min)中、后,模拟区域内最大水平速度 V_1(扰动)—V_0(自然)值(蓝线)及其所在位置差 I_1-I_0(橙线)和 K_1-K_0(黄线)的时变图

上述的下击暴流"收风"机理,也可反向用来人为激发"下击暴流"。如利用动力扰动效应干预负反馈拐点启动的时刻或位置,像启动雹粒尺度中等、数密度较大的"人工卸雹"来触发可触地强下击暴流的发生。

2.2 暖云增雨的瓶颈究竟是什么

本节讨论暖云成云致雨(思路的开拓:促进水汽初始凝结和对流的发展)。

在第 1 章已介绍了:暖云降水过程中的水循环是水汽凝结—云水—转成雨水—降落到地面。

伴随着空中水循环:水汽—凝结—降雨—蒸发—水汽。

还伴随着热量循环:耗热—放热(回收热量、加热大气)。

没有水的汽—液相变,就不能维持水汽循环,也就没有淡水资源。

由于大气中水凝物粒子群的冻结是通常在低于−7 ℃时发生的,所以云顶温度高于−7 ℃时,才可能发生纯的暖云降雨过程。

特别要指出的是,不论是暖云或冷云降水过程,先得有水汽的供应,云水的丰、欠是决定性因子,继之才是云—雨转化。没有水汽凝成云水这一环,哪有再向雨有效转化的可能? 所以,暖云增雨问题起码要做到"开源"与转化并行。

例如,2022 年 8 月长江中游的湘赣地区伏旱,鄱阳湖区见底。虽然空中水汽充沛、对流有效位能(CAPE)甚高,但在副热带高压系统控制下启动不了尺度足够大的湿对流,形不成可降雨的云体(图 2.5)。

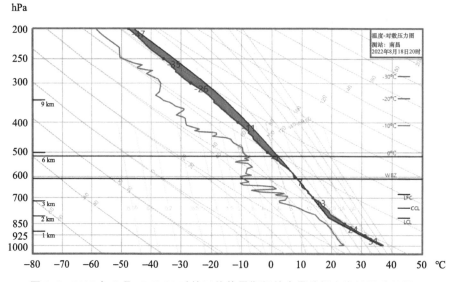

图 2.5 2022 年 8 月 18 日 20 时的正值伏旱期间的南昌站探空资料及分析图示

正如古诗所云:

云

唐·来鹄

千形万象竟还空,

映水藏山片复重。

无限旱苗枯欲尽,

悠悠闲处作奇峰。

对于诗中"竟还空"的云是"悠闲"的,"片复重"的云也是"中看不中用"的,是不能指望它们来下雨解旱的。因为,自然下雨的条件是要求有 2 km 厚的云,达不到这个要求就意味着水汽供应不上,是"无米之炊",再巧也做不出"米饭"来。因为这已不是云水粒子转化为降水粒子的问题了,即使把"片复空"云中的云粒子全部转成雨粒子,顶多也是"竟还空"式的微量降雨。

如何摆脱这样的困境已不是云水转雨水的事了,而是促进汽⇒云,即:须促进凝结使云体发展起来!(见第 5 章)

图 2.5 中虽然存在一定的对流有效位能(CAPE=991.8 J),但主要不稳定能量分布在对流层中上层,尤其是零度层以上,700 hPa 以下存在对流抑制能(CIN=140.4 J),整层不稳定条件不利于对流的发生。图中还显示 850 hPa 以下出现倒 V 形温度-露点分布,地面温度-露点差接近 15 ℃,说明低层干热特征明显不利于对流云的启动发展,但一旦启动了强对流发展后并伴有降水,则由于低层干热,有利于对流性大风的发生。

再探讨一番"暖云"增雨的实质问题:云—雨转化是不是能构成"瓶颈"?

目前的暖云增雨的思路与举措皆是:由于云粒子群的尺度分布谱甚窄,滴间碰并系数(e)小和运动速度差(Δv)小,导致并合增长率低而形不成大滴。为了促进碰并增长,就播撒一些可生成大云滴的核。

其实,这个思路是片面的。

这是由于,某滴(滴截面积 S_M)与雨粒子群间的碰并量 $dM/dt \sim n m S_M e \Delta v$,即不仅与 e、Δv 有关,还与一个因子是云滴的数浓度(n)有关。设想,如果水汽供应能使水凝物粒子群的质量(Δm)增加,而又让它们的尺度(d)不变,那么依据 $\Delta m \sim n d^3$ 的关系,如 Δm 增加导致 d 需增加 1 倍,而若"憋住"不让 d 变动时,就等于 n 增加了 8 倍。n 的这个增加量会显著抵消了 e、Δv 偏小的影响,使滴间碰并效率增加,从而引起云粒子谱拓宽,大云滴必然出现了。这也是为什么云—雨转化率与云水量的 3 次方成正比(Berry, 1986; Lee et al., 2017)的物理内涵的一部分。

这样一来,当水汽供应偏弱时,是云水不够,即使人为播撒可以把云水全部转成雨水,顶多可降微量的雨。而当水汽供应适当时,云水量会逐步增加,由于云—雨转化率与云水量的 3 次方成正比,即使不为了形成大云滴而播撒,也会自然把云水转成雨水。所以,暖云增雨的思路不必仅局限于去添加大云滴。

2.3　云体降水效率的物理本意和研究方法

云体的降水效率,从通常物理意义来看,是被定义为地面降水量与云中的总凝结(华)量(包括水汽在降水粒子上的沉淀)之比。或换言之,有多少份额的云水粒子转化为降水粒子。

但是云—雨转换是一个过程,其转换效率是云体宏观场与水凝物场动态相互作用过程协同程度的体现。为此,是与雨元群的演化全过程和路径有关的。

云体的降水效率的重要性:

(1)对降水云系来说,云体的降水效率的大小影响着是降小雨、中雨、大雨或是暴雨;

(2)云中的水物质相变过程的反馈效应只有在水凝物落出气柱后才把潜热留给大气;对于未能转成降雨的云水,要么留在空中,要么再相变成汽,收回潜热;

(3)潜热留给大气,如何分布? 这不仅是云-降水微观物理问题,也是云体宏观动力学问题。

下面讨论两个基本事实见图 2.6,图 2.7。

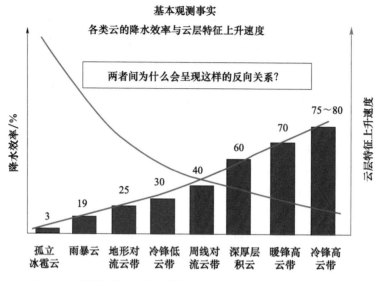

图 2.6　不同类型云体降水效率与云中特征上升气流速度的关系

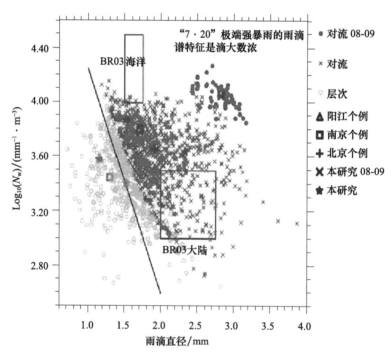

图 2.7　不同云型的降水强度及与滴谱特征的综合图示(张哲 等,2022)

从图 2.6 和图 2.7 所列的两个事实可清楚地看出,郑州"7·20"雨滴谱分布(张哲 等,2022)。郑州极端降水对流云雨滴分布介于大陆对流云和海洋对流云之间,雨滴谱图分布很宽,有大雨滴(直径大于 3 mm)的大量存在。云体的降水效率与云中特征上升气流速度呈反比,强降水的滴谱特征是雨滴尺度大、雨滴数浓,机理何在?

下面讨论影响云体降水效率的因子。

实质上,决定降水强度的是雨滴的降落总通量,即云体中能产生多少个雨元(浓度),以及这些雨元能长多大(尺度),以多大的末速度(末速)落下。雨量是雨强的时间累积。

鉴于雨元长大成雨滴不是静态的,而是在云中边运行边增长的,因起点、经历不同使落下的雨滴具有不同的终态。为此,在同样的水凝量和雨元数下,如果具有优越轨迹的雨元数多或少,它的降水效率就高或低。这样一来,由于云型、流型及相伴的水凝物场可影响增长运行轨迹,所以就影响着云体的降水效率。

即,在云中水粒子中多少比例是接近于其最优(长的最大)增长运行轨迹?这才是云—雨转化(降水)效率!

如何研究云中粒子增长运行?

因此,降水效率的物理实质就转化为:在实际云体的演化中,能有多少比例的降水粒子在云体中达到或靠近其最优增长运行轨迹。这就意味着,先去找到其最优轨迹,再统计有多少轨迹靠近它。

鉴于粒子运行增长轨迹是针对某单个粒子的,看来比较合适的研究方案是:全拉格朗日式的粒子群轨迹追踪模式(3Dtraj)来探寻实际云体中最优运行增长轨迹是什么样的?能接近于最优轨迹的雨元数目是多少?

粒子群的运行增长轨迹很难直接观测到,依据从观测资料归纳出的物理模型,来构建贴近自然图像的数值模式来模拟探索是必要的。

层状云中降水雨元粒子的最优运行增长轨迹特点是:起始于云底,到达云顶下落,在云中增长运行的时间及路程最长(图 2.8)。

在层云中,粒子的运行增长
Seeder–Feeder降雨机制

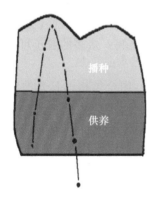

* ● 在层云中,上升气流比雨粒子的落速小得多,可长成雨粒子可单程上下运行增长,且雨粒子落速对运行的影响最明显。

* ● 在层云中,Feeder–Seeder降雨机制简单清楚。

图 2.8 层状云中降水元粒子的最优运行增长轨迹示意图

综上所述,由于降水量依赖于云凝水量和云—雨转换,凝水量通常与温度变低相关,而上升气流特征速度(W)是降温的主要因子,而云—雨转换则与云体宏观场和水凝物场动态相互作用过程及协同程度相关。由此,就可以理解观测到的那两个事实了。

在对流云中,流场是不均匀的对流流型。粒子的运行增长轨迹被多个因素所操控(图2.9)。粒子可以在云中上、下、左、右旋转翻腾,下部的粒子也能向上"播种"(Seeder),上部的云水也可以起"供给"(Feeder)的角色。其Seeder-Feeder图像就复杂了。

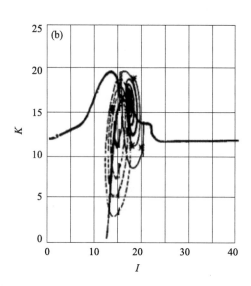

图2.9　强对流云中6个云元在它们运行增长后成为大冰雹的三维轨迹图(a)
及在其特征剖面上的二维轨迹图(b中循环实曲线)(图中横实线是零速度线,虚线区是主上升气流区)

大雹的形成需要云体中存在着强上升气流并伴有"零速度线"结构才可能兜得住少数具有大落速的雨元粒子进行这样的运行增长,大多数雨元粒子在它们尚未进入该区域之前,就被吹出云顶后带出云外了。

图2.9表明,为什么云体降水效率与云体的特征上升气流速度成反比? 是由于大多数雨元粒子的增长运行轨迹的样式随着云体特征上升速度的增大而偏离最优轨迹的比例在增加。

各类降水粒子如何在对流云中达到最优增长运行轨迹呢? 众多的粒子可以具有最优增长运行轨迹,即可能就是这类云体的最大可及的降水效率。

鉴于粒子运行增长轨迹很难以观测手段来直接捕捉,用全拉格朗日式的粒子群轨迹追踪模式(3Dtraj)来进行运行增长轨迹反演模拟是合适的。

看来,郑州"7·20"极端强暴雨的结构是单一的入流云体,30 dBZ回波顶高皆在7 km以下。但能反映雨元运行增长轨迹(图2.10中紫实曲线)是最优轨迹的落地点应与地面观测到的极端降水峰值出现点一致。从图2.10可以看出,紫实曲线是满足了两点一致的标志,这说明了主流雨元的增长运行轨迹是接近于最优轨迹的,也是降水效率高的佐证。

总之,在一定的云体宏微观框架下,会存在着最优的粒子运行增长轨迹,如果这个框架能支持众多粒子的运行增长轨迹是贴近最优轨迹的,它们不仅长得大而且数量多,且降水效率高。

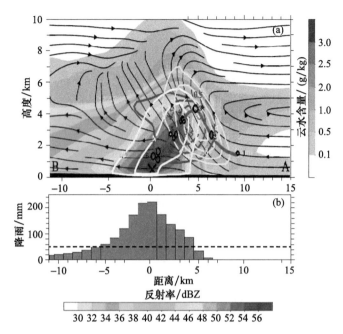

图 2.10 依据 Yin 等(2022)资料再绘制的"7·20"郑州实例最优轨迹图(紫实曲线)

雷暴云中的云闪及防雷

以下讨论云的起电与闪电。

雷暴云中是怎么起电的?

雷暴云的起电机制,基本上可分为 3 种:①感应起电机制,②非感应起电机制,③对流起电机制。其中非感应起电有温差起电、凇附起电、大水滴和冰晶的破碎起电、水的冻结和融化起电等。其中起电最为有效及最迅速的是凇附起电,因而在放电后能快速再荷电。

在学术界也已明确,雷暴云快速起电的主要过程是非感应起电。温差起电/凇附起电的物理机理示意图见图 2.11 。

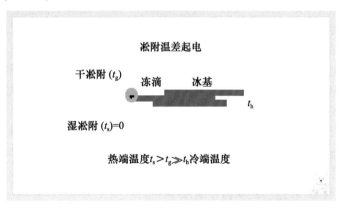

图 2.11 凇附温差起电示意图

过冷水滴在冰基上非均匀凇附时,因冻结潜热释放引起的端间温度差,可发生非感应起电。

这是由于凇附起电机制起作用的区域是冰和过冷水的共存区,在冰晶(雪、霰)某些部分发生干、湿凇附增长端面(潜热释放—升温)时,与该冰晶(雪、霰)未发生凇附增长端面(无潜热释放—环境温度)间出现了可观的温度差,引起了电荷的转移和起电(图2.12)。非感应起电实质上是一种因冰粒子在整体非均匀相变情况下的高效温差起电。

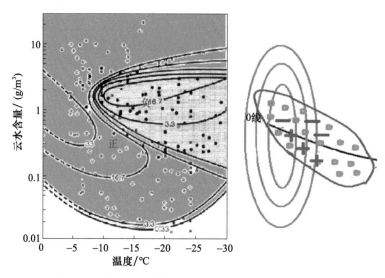

图 2.12　温度与云水含量的荷电分界(Takahashi,1978)

为什么非感应起电是最重要的?它的活动与云体特征结构的关系是什么?

粒子群是荷电的载体,而在强对流云中什么性质的粒子群处于什么位置,是由云体的宏、微观物理过程相互作用确定的。非感应起电过程的进行对各类水凝粒子群的性状及分布与温度场的配置有关。这就需要把强对流云体的气流、粒子群分布、温度场和荷电机制联成一体来考察。根据强对流云体的结构,零速度线区域集聚着大量的大粒子(雨、霰),也有充分的小粒子(云)和水汽供应。如果这个区域处在−15 ℃附近,其中一些大粒子会转化为大冰粒子,云水粒子会处于过冷态。按图2.12给出的大冰粒子荷电规律,其中存在着霰粒子荷电极性反转温度,它在−15 ℃左右,即−15 ℃线以上的荷负电,−15 ℃线以下荷正电。同一个粒子群仅一线之隔的距离,荷电正负异号,所形成的电场梯度就会增大,容易发生闪(放)电,因为闪电发生在云内故称为云闪。

简言之,非感应起电要求冰体有温度梯度。形成和维持这个温度梯度的机理,就要求冰体的一端热一端冷,即一端有水物质的相变加热,另一端则没有或甚弱。因而霰(大冰晶,雪团)的凇附就很重要,既要有霰粒子,还得要有过冷云滴。

可以看出,当云水含量在1 g/m³附近时,起电量(+或−)最大,这意味着凇附率要适当,不太干(过十限制增量)也不太湿(太湿整个冰浸水,减小温度梯度)最佳。且起电的+或−,分界为何在−10 ℃呢?这可以解释为,随着温度高于−10 ℃或低于−10 ℃,都会使整个凇附体趋于全干或全湿的状态,冰体的两端温差就减小了。

这表明存在着一种对闪电特别有利的“雷暴特征零速度线结构”。

因此,通过抑制主上升气流强度,调节流型或零速度线高度,避开其形成为闪电强度大、频次高的各场间具有最佳配置的"雷暴特征零速度线结构",可变更起电的能力来削减电荷总量,及拉远荷电中心的距离来降低电场梯度(图 2.13)。

发生强雷暴需要有非感应起电过程,需要有大冰粒子且粒子中温度分布不均匀。冰粒子两端温差越大起电能力越强。而在冰粒子与过冷云滴相碰引起凇附增长时,最可能使重凇附端与轻凇附端的温差达到最大。如果一端是湿增长状态(温度接近于零),而另一端无凇附(温度接近于环境),这时的温差可大于 10 ℃了。

譬如,云中过冷水含量远小于 0.5 g/kg 时,即使有大量霰粒子存在,可是由于过冷水

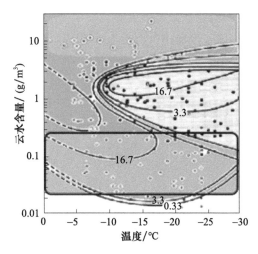

图 2.13　非感应起电的符号和电量与温度和云含水量的关系图

含量小,不仅起电弱,而且在非感应起电时的极性单一,形成的电场梯度小,强雷电就少。

再譬如,云中过冷水含量大于 5 g/kg 时,即使有霰粒子凇附条件优越,可是由于过冷水含量大,会形成湿冻结,粒子表面温差小。同样非感应起电弱、极性单一,形成的电场梯度小,强雷电也就少了,见图 2.13 中、上、下部的红影区所示。

2.5　常规效果评估局限性和新的评估思路

现用的人工影响天气效果评估方案有 2 类:统计方案和个例物理方案。但这样的常规评估方案需要有合格的资料系列,否则,皆难以得到原理上不模糊、数值上近实情的结果。因此,有人认为效果评估问题,难的不是无方法,而是无资料。何时和如何得到合格资料呢?明明从感知上应当有效的,为什么就检测不出来呢?看来得换个思路试试,采用归纳法与推演法并举,用图能突破其局限性,朝前走一步。

举例说明之。在我国的爆炸防雹实践中,已提炼出爆炸对云体主上升气流有"抑制"或"阻隔"效应,不妨就去从爆炸产物中探寻各个可能出现的效应有哪些,其中有没有可以起"抑制"效应的?效应出自于产物,有了效应才可能有"效果",有了效果才可能有"效益"。基于对实践的学术认知及底层逻辑,再依第一性原理来层层追溯下去……可能会有新的发现。

正是用这样的思路,在第 4 章中似乎已挖掘出了其中隐含着的机理链。不仅再不受通常"效果"难判的困扰,反而明确了更新系统和优化举措的方向。

2.6　强对流云的形成过程与湿中性层结大气动力学

为什么强对流雹云的形成中常有初生蕴酿—跃增—孕雹—降雹等发展阶段?
两个观测事实如下。

（1）山西昔阳观测事实

在雹云发展中常出现 5 个阶段（图 2.14），特别是跃增阶段，如何理解它出现的原因及作用？

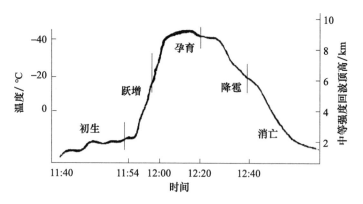

图 2.14 冰雹云形成演变五个阶段的模式（黄美元 等,1980）

（2）Marwitz 观测个例

当日的 12:45—13:45，对流活动初期生消频繁，时空位置在跳动，定向性传播不明显。意味着云体处于初生蕴酿期，尚未形成稳定的对流环流。直到 13:57，云体开始离开初生地，有序定向外域传播了，估计这时的对流环流已趋于稳定（图 2.15）。

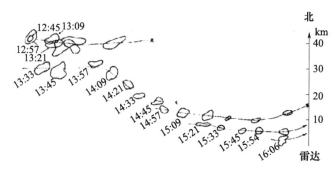

图 2.15 一个孤立对流单体发展中风暴顶附近回波外沿线随时间-空间的位置演变图例（Marwitz,1972）

持续不断的对流活动区（云体初生）内，空中逐渐加热、加湿的作用，会使层结向湿中性调整。一旦湿中性层结形成，就非常有利于对流云的快速发展强化，出现跃增式发展。

湿中性层结的动力学特点是：

①湿中性层垂直运动可近于不受力状态，合力接近于零，但低层常有弱辐合和浅不稳定层，在低层启动的上升可维持其惯性运动；

②层结湿中性化使垂直加速度变小，加速度小的系统是稳定的，生命史长；

③层结的湿中性化会使对流云垂直运动加速度变缓，云的尺度变大，云降水效率和降水量增加；

④垂直运动伴有旋转，使运动系统具有较强的自调节功能，易于达到平衡；

⑤深厚的层结中性化必然导致地面降压（整层气温升高，气柱重量轻了），局地降压形成的低压区又有利于云的发展。

对流云过多的微波辐射计时,观测到的各参量的时间变化及云层垂直湿稳定度廓线趋于中性的实例见图 2.16。

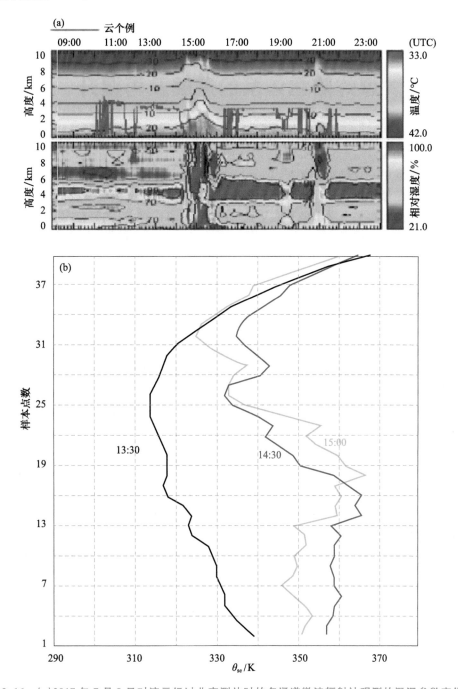

图 2.16 (a)2017 年 7 月 9 日对流云经过北京测站时的多通道微波辐射计观测的温湿参数变化；
(b)θ_{se} 廓线随时间演变；(b)纵坐标是垂直取样点数,点间距离 250 m

从图 2.16 所示的观测分析事例可见,在对流云中心部位的 θ_{se} 的垂直梯度在变小,等值线趋于垂直,即层结接近湿中性。

爆炸防雹体系的进展及再提升

我国防雹活动中一直伴随着爆炸,几十年来的实践举措和实效表现皆表明,爆炸效应在防雹作业中起着决定性作用。虽然这种情形客观存在,但是由于其科技基础的跨学科性疑难问题、技术难点的存在,再加上学术偏见的干扰,在部分人的认知中,其仍存在"知识上有缺失",在"机理上说不清",在"体系上难配套"。因此,本书拟在介绍新进展时再系统地阐释中国特色爆炸防雹的相关思路、知识、机理及体系构成就显得尤为必要。

3.1 学术思路及研究方法

为了直面本题目的特征,采取了归纳法与推演法并用的学术思路及研究方法。

(1)先考察我国防雹是否有实效。因为只有具有实效的实践,不论是否能理解,必然是科学规律的体现。

(2)既然在实践中有实效,必有一套能获得实效的举措,也就可能从对举措反应中追溯出其中机理(效应)链。

(3)继而找出其因果联系并勾画出其物理模型。

(4)由于举措的时空尺度间断性,观测系统提供资料仍属"蛛丝马迹"式的,归纳出的物理模型常会有局限性,因而,需把物理(状态)模型扩展为物理过程模型,再依物理模型来构建数值模式,继而去考察能否模拟再现所观测到的实例特征。如果能,才认为物理模型-数值模式是合格的。不然,重做上述(1)~(4)步骤的工作。

(5)利用模式体系来推出应有的"爆炸防雹的理论流程",并与"实践流程"相比较,看两者是否有本质性差别。如果有,则佐证了物理模型-数值模式的可信性。

(6)试验证据。用观测实例来查看是不是出现了"按理论预期应该出现的现象"?

3.2 为构建爆炸防雹体系已完成的工作

(1)已取得我国爆炸防雹实践、举措和实效。

(2)已归纳出实践的要点和追溯到科学原理及效应机理。

(3)在成灾冰雹物理学及爆炸物理学的动力效应两方面已取得进展。

(4)已建立起物理模型及数值模式。

(5)考核了模型-模式功能和再现了批量观测现象。

(6)爆炸防雹的实践流程与理论流程是一致的。

已实测到"爆炸效应"中时空一致的系列佐证:炸点邻域主上升气流衰弱,强回波垮塌(孙跃 等,2023),多普勒谱宽加宽(董亚宁 等,2023),局地风转向(黄钰 等,2023),起涡(图 3.1),按回波强度分档统计出的像素点数随爆炸作业前后的演化(图 3.2)。

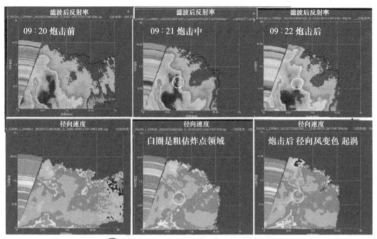

○ 起涡2022年7月23日威宁业务防雹观测个例

图 3.1　爆炸效应起涡过程的时序观测实例图列
(此图是在杨哲提供的业务观测素材后,再行画图分析抓出的爆炸起涡过程时序图列)

图 3.1 中,松山炮点射角 60°、方位 243°,雷达径向剖面方位 180.1°;上栏:炮击前、中、后 1 分钟炸点邻域雷达回波强度变化;下栏:炮击后 1 min 炸点邻域出现涡旋(径向风色标突变);左列:09:20 炮击前;中列:09:21 炮击中;右列:09:22 炮击后。图中的白圈是依据炮点射击参数、雷达位置估算出的应在 180.1°径向剖面上的炸点邻域。

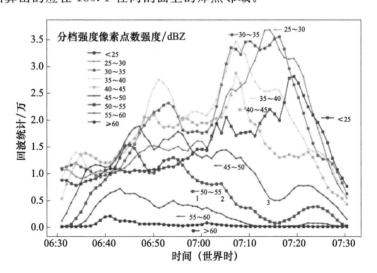

图 3.2　隰县爆炸试验中相控阵多普勒雷达观测到的按回波强度分档统计出的像素点数随爆炸作业前后的演化图(炮击时段:06:59—07:00、07:05—07:06、07:14—07:15,每次用弹量:60 发)

为考查炮击云体后对全云体演化的影响,特对云体回波体(距离 0~15 km,方位 90°~130°,

全仰角)绘制了图3.2。用以反映爆炸抑制效应对回波整体演化趋势的作用。

总体来看,强对流云体的回波场在炮击后出现强回波像素点数减少,中-低回波像素点数增加,并在7～8 min后依强弱次序快速减小。

为何按回波强度分档统计出的像素点数随爆炸作业前后会呈现这样演化呢?理解如下。

在强对流云发展中,回波柱随时间在变大变强,在炮击前的06:42—06:45大于55 dBZ各档次的回波像素点数皆在波动增长着,到了06:57,随着云中已有大雹形成并下落或融化影响,50～55 dBZ档次像素点素开始减少,但其他中等档次的像素点数仍处于稳中有增状态。可是在开始3次60发炮击后,则出现了强回波档次(大于45 dBZ)像素点数迅速减少,而中等强度档次的回波像素点数快速增加,接着具有中等强度档次的回波像素点数又以档次高低先后转为减少,到了07:20后,所有低于50 dBZ档次的回波像素点数皆快速减少(其中大于50 dBZ的像素点数增加可以是其他云体或云体低层结构影响的反映)。

看来图3.2就是爆炸抑制-阻隔作用使对流流场尺度变粗、对流上升气流变缓的具体表现。换言之,随着强回波柱时间尺度变粗、强度变弱,原先的强档次回波衰变成弱回波档次的进程中,有一个回波强度由强变中、由中变弱、由弱到消失过程,伴随这个过程必然会出现各强度档次的回波像素点数依次转变的图像。

概括而言:爆炸效应扭曲了对流云的流型,破坏了对流云发展的流场结构,抑制了对流云体的主上升气流强度。正是这种"釜底抽薪"式的流场变化,导致云体动力垮塌后的现象:对流云体消散、失去成雹条件,终止了冰雹生长进程,导致原有的被气流兜得住的冰雹粒子群下泻,出现卸雹、下软雹(来不及冻实的内含着水冰雹)等现象。

3.3 物理解释和理论提炼

为什么局地短时的爆炸效应具有防雹效果呢?雹云云体物理学的进展表明:雹云中存在着相对水平近于零的"零线结构"及相应的"零线效应"(图3.5c)。一旦雹胚粒子进入"零线"的邻域,在运行增长中能兜住雹、聚集雹,直至长大为大雹后,才能逸出结构而降落。而"零线结构"的形成也是对流云过度强化的由雨变雹的表征。爆炸之所以能防雹,就是在局地爆炸及其蜕变场产物中蕴含着一个扰动应力场,这个外加应力场具有推拉扭曲破坏背景对流场及抑制主上升气流的效应,从而可防范对流的过强而成"大雹"。

明确了雹云成大雹(地面降雹)时常有特征"零线"结构,又具有了破坏或削弱这种结构的手段(爆炸效应),防雹就是如何运用"抑制"去防范对流云向冰雹云演化的问题了。

3.4 如何再完善再提升

在我国的防雹作业实践中,人们总结摸索出一套办法,如:对流云是可以被打散的,作用时间在10 min内;高炮作业要打云腰、打云头、打闪电中心;作业强度不宜过猛,要依据雹云状况,边看边打,边打边看,只打漏、打弱而不打垮等。但也存在着3项疑难:①作业时机的判定;②超级单体雹云的尺度超大、生命期超长及强度超强带来的防雹举措"力不从心";③已携冰雹的雹云进入保护区前如何择地先行卸雹?图3.3给出防雹办法之一。

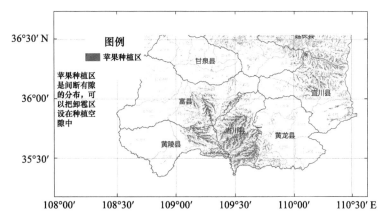

图3.3 延安地区南部苹果种植分布图及在种植区间隙处设置"卸雹区"的示意图

在明确了零线结构和零线效应是雹云具有成雹、兜雹功能的特征结构后,又明确了局地动力扰动场对云体流场具有抑制效应;之所以能形成零线结构是对流云发展过强的表现。找到爆炸抑制手段,就可以运用这一手段来抑制对流云发展增强。这使得在原理上渐趋闭合,也为设计筹建新一代的爆炸防雹工程体系确立了理论支撑。

目前单站防雹的实际保护区有效范围为3~5 km。新的防雹需求是要把防雹范围扩大到地(市)辖区,这不是由现行的村-镇范围的防雹举措的简单扩大、复制,而是需要在继承已有单站防雹举措的成功要素基础上,拾遗补缺,特别去解决在单站防雹布局中已指出的3项疑难问题。即,站点布局和作业方式由村镇布局、各自为战,升级为地市站点联网布局、固定与机动相互适配、全区协同作战,使防区容得下、看得清包括超级单体雹云在内的全程活动,再配置必要的、适应性强的机动观测及作业火力支援设施,来克服作业时机难掌握、作业部位难识别,作业火力强度不可调控的等问题。

3.5 进一步的交流和讨论

在《中国的防雹实践和理论提炼》(许焕斌,2022)出版后,作者收到了一些关于爆炸防雹中的新疑问、新举措,现将其归纳提炼如下。

＊山东 滨州 博兴 刘德安

对超级单体风暴的高炮防雹作业,还存在着一些困惑。

一是超级单体风暴体积庞大,其直径能有30 km多,且存在着"独狼"行为。它沿着高空引导气流方向,并朝着高对流能量区一路走,一路汲取能量发展,直到没有能量供给(如下半夜、遇到山区等)才衰减。在它的行进过程中,间断降下冰雹(蛙跳现象)。

二是超级单体风暴能量巨大,目前对其进行的防雹作业,仍是局部的、小范围的,足以改变其自身系统发展趋势的防雹个例并不多。

三是近年来人工影响天气作业的开展,受到多方面的限制,客观限制有:①安全射界,②空域申请,③作业技能水平。

以鲁北地区为例,大范围的雹云活动时间在5—6月,地域在河北省南部和山东省的北部,特征是不断地生成、发展、移动、减弱,有时多达3~5个,移动路径不重合,此起彼伏,雹云所经之地均降下冰雹。

＊新疆 阿克苏一次防雹后成灾的个例分析

2021 年 8 月 16 日,阿克苏地区出现强冰雹天气过程,阿瓦提、阿拉尔、阿克苏、温宿、乌什 5 县(市)农作物造成了严重损失,其中阿瓦提受灾最重,受灾面积 17000 余公顷。

在防雹过程中,阿瓦提县 11 辆流动车辆全部出动,15 个流动作业点、2 个基地和 5 个固定作业点于 17:35—19:40(历时超过 2 h),期间一直不间断大火力实施防雹作业,共作业 424 枚火箭弹、高炮弹 603 发。开展防雹作业的大部分作业点保护范围内未出现冰雹灾害,成灾区域多为非传统落雹区,重灾区乌鲁却勒镇历史上鲜见冰雹。这说明,随着社会经济的发展,下垫面地理条件和环境的改变,当地冰雹云的发生发展规律也会有所变化,现有人工影响天气作业点布局覆盖范围已不能满足防雹减灾要求,配置火力偏弱,难以达到抑制特强冰雹云发生灾害的程度。

客观受灾原因的分析如下。

(1)由于 8 月 16 日云体高度普遍较高,尤其是受灾严重区域云体强中心高度达到罕见的 9 km 以上。实施防雹作业的高炮和火箭受到射击高度和射击距离的限制,无法将高炮弹和火箭弹送到云体强中心部位。

(2)保护农作物面积大,超出了可防雹的范围。尤其是 8 月 16 日强对流云体有多个强中心,且强中心面积大,虽然动用了全部固定作业点和流动作业车辆,但仍显火力偏弱。

(3)作业点布局存在一定盲区,需要进一步优化作业布局,并增加作业设备的投送高度可达到云体的 10 km 处。

＊湖北 保康 陈光荣

保康看到了防雹效果是源于爆炸,且高炮优于火箭。把爆炸后 1~3 min 所观测到的"炮响雨落""云体分裂""云体移向改变"……定性为爆炸效应的理当反应。

对于其他地区已归纳出的举措中,如:高炮作业强度不宜过猛,要依据雹云状况,边看边打,边打边看,只打漏、打弱而不打垮等作业举措。由于保康是山区县,无法做到抓住云体发展的"酝酿和跃增"阶段,需遵循"早、快、猛、准"的作业方式,要求"集中火力",火力要"猛",拒绝"点眼药",认为"点眼药"式的打法不仅浪费而且效果不好。"早"是"提前量"。因此,只要雹云进入高炮射程范围即开始作业。错过这个时机,防雹就无从谈起。保康总结出"看得见、够得着、打得到"的防雹作业法。

防雹不同于增雨,防雹要求"快""猛""准"。要达到消弱、抑制云体发展的目的,需视抑制情况多次作业,但每"一次性"发射足量(约 40 发)的炮弹。由于炮弹的射击高度最大只能达到 5 km 左右,在实施精准作业部位上有难度,所以作业部位上要力求接近零线附近。

保康区域的雹击带可达到 30~50 km,雹击带呈不连续性。

＊陕西 洛川 杜文

"防雹作业强度不宜过猛"的提法欠妥,洛川地区雹云一般生命史短、移动速度快、发展迅猛、爆发力强。打早、打足、打猛、打圆是行之有效的作业方式。其中打圆是在够得着的情况下,各作业点从不同方位、不同角度,多点齐发,形成合力。

＊新疆 李斌

防雹的爆炸作用一直存在并有效。防雹的方式是:在对流云生成冰雹的初级阶段,应尽可能用火箭作业,通过 AgI(碘化银)催化作用提前产生降水,或争食云中含水量,使冰雹长不大,降落过程中融化或成为软雹。当出现冰雹云进入防区后,已产生大冰雹的情况,应尽可能用高炮作业,利用爆炸效应来防雹或泄雹。作业期间要控制好降雹落区,使冰雹尽可能下在某保护区外沿的狭小区域。

非常赞同这样的观点:"鉴于目前单站防雹的实际保护区有效范围为 3～5 km。新的需求是要把防雹范围扩大到地市辖区,这不能是由现行的村-镇范围的防雹举措的简单扩大、复制"。新疆生产建设兵团农五师臧云淑的作业要领也是要"快、猛、密"。对于"作业强度不宜过猛,要依据雹云状况,边看边打,只打漏、打弱而不打垮等等"的做法很难掌握尺度。

　　* 云南　刘春文

玉溪市人工影响天气中心认为,对于相对较强的冰雹云,高炮作业比火箭(焰弹型)作业效果明显。在冰雹云发展成熟阶段,实施高炮作业,可获得防雹作业正效果,明显优于火箭(焰弹型)作业。高炮射击时,"打同心圆、打扇形"等射击方法不可实现,差之毫厘、谬以千里,所以,玉溪采取的是对目标连续点射的作业方法。

　　* 新疆　伊犁　祝小梅　2024

伊犁河谷冰雹发生时,雷达反射率因子回波演变形态及方式有 4 类:普遍单体风暴、多单体风暴、线状多单体风暴、超级单体风暴(表 3.1)。

表 3.1　四类单体风暴分布表 单位:个

	普遍单体风暴	多单体风暴	线状多单体风暴	超级单体风暴	合计
河谷西部	19	6	11	15	51
河谷东部	6	4	0	2	12
南部山区	81	29	1	5	116
合计	106	39	12	22	179

南部北山区 昭苏降雹时段 13 min 最大冰雹 2.5 cm 。

请注意,超级单体雹云主要出现在宽阔的伊犁河谷西部。

　　* 新疆　博州　杨海　2024

博州雹云发展中移动及移速:博尔塔拉蒙古自治州(简称博州)的天气系统自西向东发展,地形大致是两侧山地,中部谷地,西窄东阔,沿山两侧植被相对丰茂,大小河流较多,在山区雹云有较好发展条件,这时候雹云生长的速度快,移动相对缓慢,移出山区进入平原谷地后雹云移速明显加快。根据雷达数据统计分析,博州地区雹云移速大多在 25～55 km/h。

博州防雹作业原则:一是"打早打小",尽可能地在雹云的发展阶段进行干预,减轻冰雹灾害的损失。二是区域内联防作业,上游提前干预过量催化,减轻下游防雹压力。

　　* 贵州　威宁　陈林

鉴于荙田灾害是雹砸-风搅-雨冲,因而提出了防雹业务的新需求:强对流云的消雹、收风、增雨。云南新平也提出了防对流大风形成的迫切性。防雹-增雨已有些对策。如何来收风呢?

进一步的讨论

从与基层防雹专家进一步交流研讨中发现,其提出的见解和举措,不仅符合科学规律,而且紧接"地气"(因地制宜,可行有效)。自然规律是一定的,其规律的表现则是多种多样的,不可一概而论! 也不可能"一刀切"式地处理发生的各种天气事件,皆应依据各地实际,提炼出适合本地的作业要领或方法。

一个明显的事实是,我国出现超级单体雹云的次数偏少,而出现强单体雹云(维持雹云零线结构的时间常小于 1 h,点源雹云,脉冲雹云)的次数偏多。因而为防超级单体雹云的雹击带

"蛙跳"的"打漏而不打垮"的防雹方式,对于局地强雹云的防雹方式就可变更为直接打垮。因为局地强暴云的储能范围不大,从可用总能量来看,只能是脉冲式的"短命"雹云,它一旦被打垮,就难以复生再强化,"蛙也就跳不起来"了。对其他技术细节,笔者就不再概括了。

这也表明,我国以村镇尺度为主的防雹布局是符合我国防雹作业体雹云特征,即主要是防范局地强雹云造成的雹灾。这个特点也可从图 3.4 提供的国外超级雹云的地面雹击带与中国强雹云的雹击带的时空长短上的明显区别得到印证。

由图 3.4 可见,超级单体雹云的雹击带的时空尺度大于 1 h/(100 km),而对强单体雹云则是小于这个值(图 3.4 中的主雹击带仅维持了 48 min)

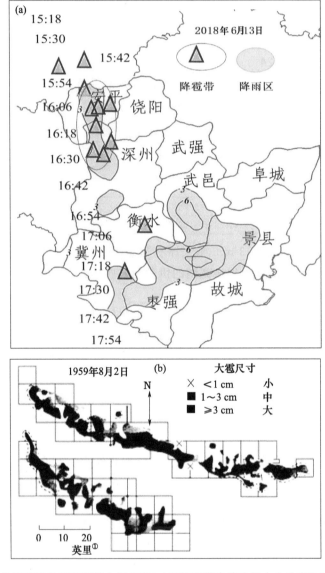

图 3.4　超级单体雹云地面雹击带个例分布(a)和雹击带中的冰雹大小分布(b)(Kessler,1962)

① 1 英里＝1.852 千米(km)。

3.6 特征剖面

　　雹云特征剖面是反映雹云结构的最佳剖面,也是防雹作业时最希望得到的剖面。

　　由于强对流云是深对流云体,云体的垂直剖面是最能呈现其结构特征的产品。可是,由于云体的结构通常是不对称的,不是随便取一个剖面就能展现其特征,导致没能抓住云体结构特征而出现种种错判、误判或误解,失去了"鞭辟入里"的机会。为此,本节将从多方面来介绍关于"特征剖面"的认知过程(图 3.5)。

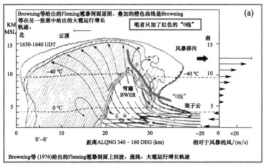

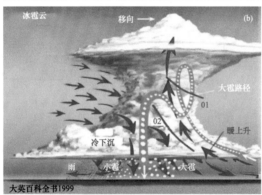

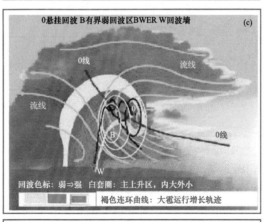

图 3.5　雹云特征剖面的变革—最佳展现"零线"结构-成雹效应的各场间配置图列。(a)底图引自 Browning et al. ,1976;(b)底图引自 http://www.britannica.com/facts/thunderstorm♯/media/1/594363/19394;(c)许焕斌 等,2000

3.6.1 准确捕获特征剖面的重要性

特征剖面不仅可抓住雹云云体的本质性结构,看出灾害性天气现象发生的机理,而且推进了强对流云物理学的发展。这可从比较下列 3 个不同时期给出的典型特征剖面中物理内涵逐步被挖掘的过程中得到印证。

从图 3.5 可见,美国、英国、中国的学者给出的"特征剖面"概念模型的学科含义是一致的。但在历史变革中特征剖面的物理含义不断地在深化、丰富着,且其含义由隐含变成了明晰。

3.6.2 观测到的强雹云特征剖面的取向

从 1962 年发表的第一个雹云特征剖面,到 2022 年发表的诸城雹云的特征剖面,经历了 60 年,雷达设备换代更是频繁,但取特征剖面的原则,不论是有意识或无意识地去做此事皆遵守着此原则。从下面国内外对强对流云各个获得突破性进展的观测分析个例中可见,其之所以获得成功,是与正确获取特征剖面产品密切相关的。

＊英国个例(Wokingham,1959 年,见图 3.6)

Browning 等(1962)利用二战时期的雷达回波强度剖面产品揭示出,雹云回波结构特征是流场与水凝物粒子场间相互作用的反映,这为雷达气象学的诞生奠定了基础。

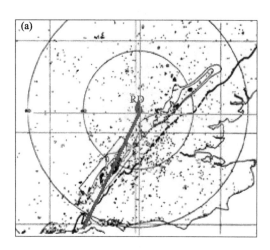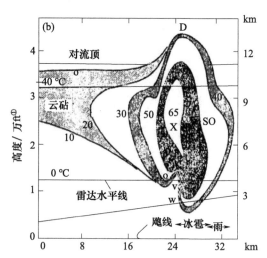

图 3.6　雹云单体移动走向及剖面位置 (a);特征剖面取向方位角 209°(b)

沃金厄姆风暴强烈阶段的雷达回波结构特征用通过这个风暴的距离—高度剖面表示

图中等值线是用 4.7 cm 波长雷达的反射率 $10 \lg Z_e (mm^3 m^3)$ 绘的。X:雷达回波强度最大值的位置;
D:最大回波顶,几乎在与大冰雹相关联的回波墙 W 的正上方。O:"前伸悬挂体",由"无回波穹窿"
V 把回波墙隔开(Browning et al.,1962)(方位角 209°)

＊美国个例(Fleming,1972 年,见图 3.7)

Browning 在英国个例分析后,到美国按老原则取得了 Fleming 雹暴的特征剖面,再结合水平面分析,给出了著名的 Fleming 雹暴个例模型,勾画出了大雹形成及运行增长轨迹,明显推进了雹云物理学的发展。

①1 ft＝0.3048 m。

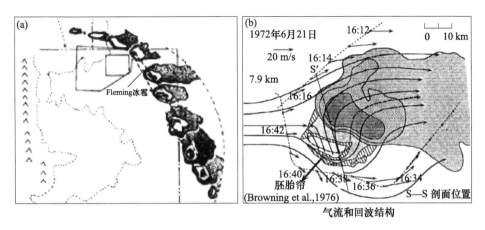

图 3.7　Fleming 雹暴的移动路径(a)及取特征剖面的走向 S-S(b)

* 北京个例(1998,见图 3.8)

北京个例是在国外典型个例提示下,由北京雷达观测学者在回查历史资料中发现的绝佳雷达图像资料,可惜没能及时分析发表,延迟了以自己的个例产品来丰富雷达气象学机会。北京个例产品,不仅给出了雹云回波特征结构,还揭示了径向风的零线结构。

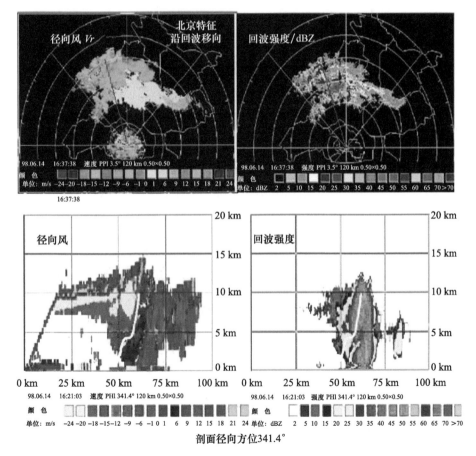

图 3.8　北京运用多普勒雷达资料不仅给出了雹云回波特征结构,还揭示了径向风的零线结构。图中白色曲线是水平相对气流速度接近于零的"零线"

　　* **大连个例**(2003,图 3.9)

　　大连个例是按老原理取得了可呈现主入云气流特征剖面上的径向风大体布局,为不再作进一步加工情况下,就能直接勾画出云中流场的框架提供了概念性模型。

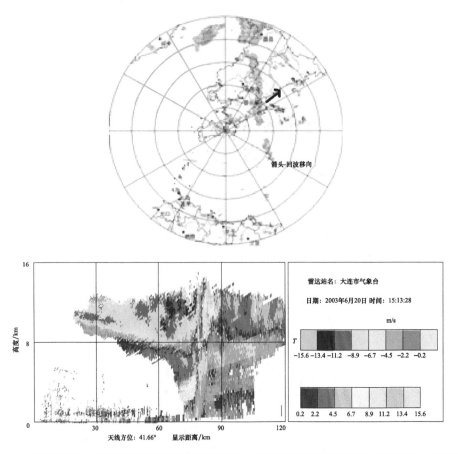

图 3.9　大连观测给出了当雷达沿着回波移向取得的多普勒径向风场剖面可呈现云体主入流的实例
(此图例由大连人工影响天气专家李红斌提供)

　　从图 3.9 可以看出,在多普勒径向风特征剖面中,1、3 象限的径向风与 2、4 象限的径向风是相反的。由此可勾画出其对流流场框架。

　　上述所有的个例分析研究中,所展示的剖面取向,不约而同地都是沿着雷达径向与回波移向一致时取得的。我国在 2019 年对发生在诸城的雹暴个例,有意识地运用沿着云体移向来取雷达径向剖面的原则,获得了我国第一个典型的特征剖面(龚佃利 等,2021)。这表明,以这样的取向方式得到的剖面是最能体现雹云结构的剖面,故称之为"特征剖面"。

3.6.3　理解

　　如何理解 3.6.2 节所列举事实的道理呢?可从三方面来思考:即比较勾画出的物理模型、模拟再现的图像是否与观测实况一致。图 3.10 给出的三者结果是一致的,从中可理解其中的基本道理。

　　图 3.10a 显示,强对流云中层会出现 S 形水平流场,而穿过 S 字中段的垂直剖面上的对流流场则是上升-下沉切变式对峙着的对流环流,下部是主入云流,上部是主出云流,中间有一个由入云流转出云流的拐点,即水平速度为零的零点。当零点连起来就成为"零域"或"零线"。它就是强对流云-雹云的特征结构。

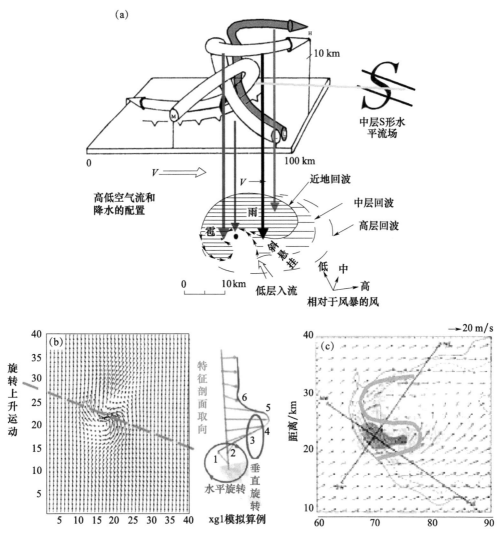

图 3.10　观测到强对流雹云中层水平 S 形流场
(a)水平 S 流场处于云体三维结构中的位置(底图引自 Lily et al. ,1982;Browning,1964);
(b)S 流场的模拟算例;(c)S 流场观测个例(底图引自 Miller et al. ,1990)
供理解所列举事实的道理的物理模型(Browning,1964),本书作了物理增改(a)、
模拟再现的图像(b)是否与观测实况(c)一致的图示

3.6.4　如何寻找最接近自然的特征剖面

　　仅以图 3.11 所示的实例介绍寻找步骤或流程。

　　沿着回波移向取雷达径向剖面,建议依步骤寻找特征结构剖面。

图 3.11 沿着回波移向取雷达径向剖面

寻找特征剖面的步骤:(1)沿雷达径向对回波主体取若干剖面,再取若干切面剖面;(2)查看所取剖面具有最佳的特征剖面;(3)对备选的贴近特征剖面进行微调(如图 3.11 中黑线所示)得到最能反映雹云结构的特征剖面。

对于多普勒雷达,径向剖面可反映接近于主入云流的辐散辐合,而切向剖面则可反映主上升气流的旋转。

3.6.5　多普勒雷达观测的新布局

鉴于雷达的布局是固定的,而云体的移动路径并不总是沿着雷达径向,有时会出现移向与径向夹角偏大,不能直接获取雹云云体的特征剖面。为了避免出现这种情况,就得改变目前固定布局雷达的做法,采用固定与机动布局的思路。

图 3.12 是固定与机动多普勒雷达新布局的建议。

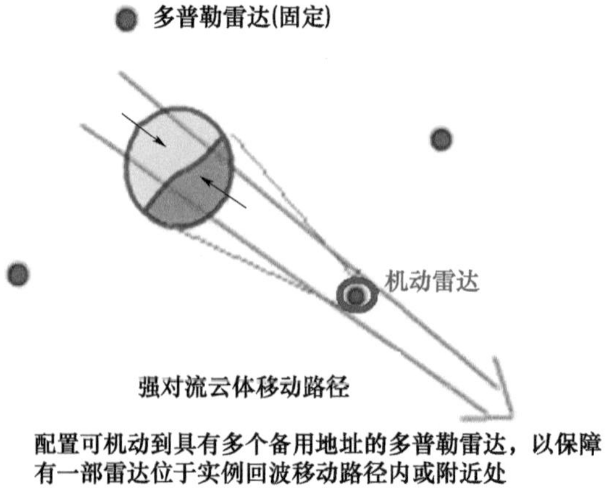

● 多普勒雷达(固定)

机动雷达

强对流云体移动路径

配置可机动到具有多个备用地址的多普勒雷达,以保障有一部雷达位于实例回波移动路径内或附近处

图 3.12 固定与机动相结合的布局多普勒雷达观测的新方案示意图

3.7 结语

世界气象组织(WMO)执行理事会曾于2001年《关于人工影响天气现状的声明》中认为：近几年来再度出现使用加农炮产生强大噪声的防雹活动，目前既没有科学依据也没有可信的假设来支持此类活动。中国的防雹活动是这样的吗？事实已明白地说"不"。

下面WMO防雹专家组列出的6种防雹假说：

①胚间的限制增长的竞争(利益竞争)；

②雹胚区提早落出(早期降雨)；

③水冻结；

④轨道降低；

⑤低效率弱风暴单体中促进碰并；

⑥播撒引起动力效应。

可见，上述假说中有4种(①③⑤⑥)是单从云降水微物理学角度提出的，理论角度上就是"先天不足"的；只有早期降雨②和轨道降低④能够做到，就可直接达到防雹及实现"化雹为雨"的目标。但靠什么办法呢？没有办法又是空谈。而一旦有了人为抑制上升气流的办法以后，就可能开启云体主气流框架衰弱的过程，并出现后继的种种现象(如："炮响雨落""雷闪雨泻""箭飞云消"回波强中心下落等)。

爆炸效应能够"抑制"云体的主上升气流的直观表现，不是去拼能量来减小对流气流的动量，而是靠爆炸及其应力涡旋去扭曲气流的流向，使上升流动转向水平运动，导致主上升气流的减小。实际上用"抑制"并不准确，以"阻隔"(洛川防雹专家杜文用语)来表达爆炸的效应更为贴切(图3.13)。

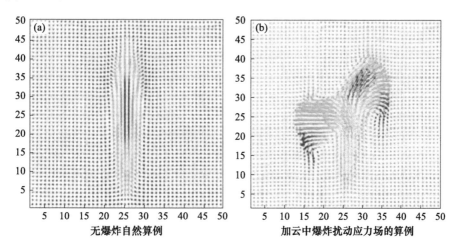

无爆炸自然算例　　　　加云中爆炸扰动应力场的算例

图3.13　无/有爆炸效应的自然/扰动后的对流场流态对比图

目前，我国已找到了控制强对流云发展的有效手段：外加爆炸动力扰动。这是一个原创性的大发现，使人们真正有可能去构建运用爆炸动力扰动来控制强对流云过度强化的防雹科学技术体系。

　　事实表明，外国防雹学说的基础是欠牢固的，因而必然会犯"空谈"大忌，而在我国则"立足于从实践中来，再到实践中去"。这就避免了"空谈"，在实践中专心致志地去探寻防雹作业爆炸效应的存在及其作用机理，"去粗取精"，在有成效的实践中有针对地去"修补、充实、完善"，直至透彻。

　　我国就是这样久久地探求着一套世人尚不知晓的、蕴含新道理的、效果比其他方案更明晰的防雹举措，并提炼追溯出深隐其中的科学机理及技术要领。

　　我国的防雹实践的有效性、举措流程配套性和科学基础扎实性正趋于完备，技术要领日渐明朗，有望建立高效的爆炸防雹工程体系。为什么中国能做到？基层防雹实践者中有着一批具有自行-自悟-自信-自强素质的"高人"起着决定性的作用，真是"高人在民间"！没有这批"高人"的坚持，在偏信 WMO 的假说或误导和被一些"权威"仅凭"吾不知"皆冠以"伪科学"的气氛下，对没能亲临过防雹现场、未曾体悟其中奥妙的学人来说，是顶不住的。

　　在构建尺度为百公里级区域的防雹布局时，考虑爆炸防雹机理的特点应是：爆炸抑制或阻隔效应对云体主上升气流同时会起两个作用：一是削弱了主上升气流的强度，使云体结构失去大雹形成的条件，产生不了新的大雹，达到防雹的目标；二是失去了兜住云中大雹的动力因子，导致原可被兜在云中的大雹下落，出现了人为卸雹效果。这种对无灾雹云可防雹，而对已携大雹的雹云又可加重局地灾情的卸雹作用，在构建区域防雹的总体布局中，确认无法使大雹能人工变小的情况下，须依据实时实地现况，分别设置"卸雹区"与"防雹区"。

李培仁　题（正高级工程师、山西省气象学会秘书长）

关于构建人工影响天气数值模式的一些问题

4.1　引言

　　人工影响天气涉及的诸多科学问题,不能单靠观测、实验、理论、试验来解决,因为它们只能提供云体结构和进程的"蛛丝马迹"或"环节性"信息。如何洞察其整体图像、演化过程?还需要运用模式来进一步挖掘和分析,提取出有价值的信息。模式作为"计算物理"的手段,能把理论、试验等各相关知识纳入并融为一体,"有容乃大"是模式的特长。在模式使用上,不仅可以用来做预报,而且可输出模式运行中的过程资料,帮助去理解资料的含义,或用模式模拟再现实例的方式来追溯机理等。因而,模式的设计与应用在人工影响天气中得到了重视。当然模式模拟的效果好不好,依赖于模式是否接近于自然过程和是否体现人工影响天气特点,因而就应该对在用的模式做些考察,并依据人工影响天气特点来创建一个更适用的模式分析体系。

　　人工影响天气的学科基础是中小尺度天气动力学加云降水物理学,需要把天气-动力-云降水物理耦合成一体。考虑到目前天气动力学模式的性质仍是大-中尺度的,已显露出其学科基础和关注点与人工影响天气的模式有明显差异,因而仅靠"搭车"是难以得到适用模式的。为此,应当以人工影响天气的特征出发,从数值模式动力方程、模式分辨率、云物理过程、数值求解方案、初边值条件等环节系统地探求人工影响天气数值模式中一些必须解决的问题是什么,为什么过去解决不了? 如何才能解决? 科学思路和描述方案是带方向性的,方向对了,再踏踏实实做事,才能有扎实的进步!

4.2　人工影响天气模式的特点及基本要求

4.2.1　人工影响天气数值模式与其他数值模式(天气、气候、环境、单一云-降水微物理模式)有显著的差别

　　有些模式通常只关注云场、地面降水、云微物理、潜热加热廓线等方面,而人工影响天气模式需关心空中云场的宏-微结构,空中云-降水粒子场,追踪云粒子场的结构及演化路径等;完全的三维动力方程组、保真的差分计算格式、高时空分辨率适配的物理过程、合适的初边条件及在演化分叉点时有智能辨别并跟随自然演变趋势的能力。

4.2.2　方程组的选择

　　大气运动方程可以采用欧拉式(Euler)和拉格朗日式(Lagrange)两种表达方式,选用哪种

方式更适合呢？自然云的图像应当是在宏观动力、热力、水汽场框架下，一群水凝物粒子边运动、边增长。水凝物粒子群运行状态由动力流场和粒子的运动特征(末速和影响末速的质量、形状、表面粗糙度等)决定，而增长状态则由水汽、水凝物场和热力场决定。虽然粒子是成群存在的，但每个粒子的运动是由粒子本身的物性来控制的。大粒子的运动主要受自身属性和环境场的影响，而小粒子还可能受到大粒子运动的影响，但粒子间近距离相互作用在计算物理和实验测量上都是难题。一般情况下，假定单个粒子的运动不受周围同类粒子的约束。尽管水凝物粒子场是一个不连续场，但不是一个动力断裂场，不会阻拦云中宏、微观场的相互作用。为了尽可能地使数值模式结果接近实际大

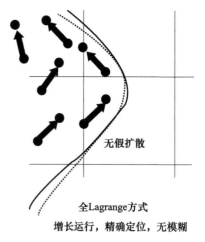

图 4.1 全 Larange 方式描述粒子群运行增长中，避免应用 Eular 方式引起的假扩散引起的粒子群边界模糊，看不清其细结构

气运动的物理图像，可以做下列的选择：云的宏观场，用欧拉式(Eular)来描述，对于可作为连续场处理的云水粒子背景场是用半拉格朗日式来描述，而对降水性粒子群用全拉格朗日式来描述(图 4.1)。

4.2.3 分辨率

既然人工影响天气模式需要细致地了解云(体)系的结构及演变，一种直接措施就是提高模式的时、空分辨率。那么需要什么样的分辨率呢？当前，主导观测手段的雷达观测产品分辨率是 200 m，因此模式的分辨率应与此观测精度相匹配。

提高分辨率的优点是：减少计算误差；增加小尺度信息；容纳并能够描述激发出的短波；扩展了模式对(给定时间的空间波群数组分的)多波运动和(不同时间的波群组分变化的)变波运动的模拟能力等。可是，中小尺度运动通常是三维的、非静力的、非线性的、非平衡的调整态(调整方向、调整量)，在模式设计和积分中难予驾驭。所以，提高时空分辨率不是单一技术性措施，还需解决相关的科学问题及设计或选用适配的显式描述的云-降水物理过程等。

人工影响天气期望能够看清云系(体)结构及具体的演化路径，因此需要采用显式云物理方案来直接描述云-降水微物理过程。早在 1988 年的研究指出，可细致描述云-降水物理过程的显式方案对层状云降水有优势，而对于对流性降水系统则是隐式的对流参数化方案有优势。直接(显式)描述云降水过程的方案，对具有简单动力结构的层状云降水适用性较好，而间接(隐式)描述云降水的参数化方案，在粗分辨率条件下，反而对具有复杂动力结构的对流云降水适用性较好，这到底是为什么呢？显式方案精细描述云降水过程对大尺度、较均匀的云系具有优势，而对中小尺度、非均匀云体的描述能力反而不如参数化方案，这与发展显式方案的初衷相背，确实应当搞清楚。

一个可能的重要原因是采用显式方案直接描述云。显式描述虽然有可能刻画得细致，但支撑云发生、发展、衰减、消亡的是动力框架，后者才是根本性的因素。只有动力框架合适，云结构的大体轮廓才会符合实际，在此前提下的细致描述才有意义。对于支撑大尺度、较均匀的

云系动力框架中,其网格区的平均气流与格点气流差别较小,支撑云系形成的气流接近于自然,所以云系结构大体上是合适的,在这一基础上用显式方案来做细刻画,改善效果就会明显些。而对于中小尺度、非均匀云体来说,格点代表的网格平均气流与实际气流流态可能有很大差别,这样网格点给出的流场所支撑的云系(体)与实际流场支撑的云系(体)就会有显著差别,可以是对流云与层状云云型上的差别,甚至是有云与无云的差别。有无云或云型的基本云场都无法把握,细致的描述就没有意义了。

次网格过程对目前尺度下的模式仍然是相当复杂和重要的物理过程。如次网格云的处理以及与相关尺度的相互作用,次网格重力波拖曳和湍流扩散的作用等。因此,显示云微物理方案需要与次网格物理过程相互协调,才能较合理地描述大气中的真实物理过程。

举例来说,在网格区内的上升运动平均速度等于零,这意味着不存在支撑云生成的动力框架,云应当不生成。但是网格平均上升气流等于零,并不是网格内没有上升运动,它可以是具有多种上升运动的分布情况下的平均结果。既然存在着上升运动就应当出现云(图 4.2)。同样的道理,网格平均上升气流较小,按均匀上升运动来看它应当出现层云,但按非均匀上升运动流态来看,它又应当支撑积-层混合云或对流云生成(图 4.3)。因此,要描述好云场首先要描述好流场,即模式模拟的流场要与实际流场在流型上一致。

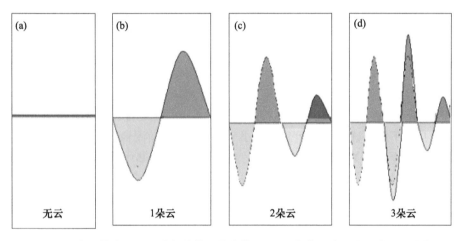

图 4.2　在网格内平均上升气流等于零的情况下,可能出现的上升运动和云分布
(a)无云;(b)1 朵云;(c)2 朵云;(d)3 朵云

隐式描述方案有次网格运动的处理设计,并不单纯看格点平均上升运动来估计云的形成,各种对流参数化方案便是考虑了次网格运动对云和降水的影响,也考虑了次网格垂直传输对气层温、湿结构的影响。从这点来看,参数化云-降水描述方案虽是隐式的,不直接描述云,是一种粗描述,但在物理上的考量是比较齐全的。显式方案虽然在对云物理过程上可以很细,但一定需要动力框架合理适配,否则就可能会出现虽细致,但在物理上有重要失缺现象。正因如此,才出现了混合描述方案,即显式直接描述与隐式参数化描述并用的方案。但要注意可能出现的"一笔开支,两次记账"的情况。

运用混合方案的实验研究还表明,当模式水平分辨率低于 5 km 时,隐式积云对流参数化的重要性显著降低。所以有学者建议,应尽量避免积云对流参数化方案的使用,所有的云-降水微物理过程采用显式描述。

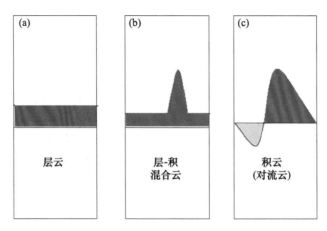

图 4.3 在网格内平均上升气流大于零的情况下,可能出现的实际上升运动的图像及相应可出现的云型
(a)层云;(b)层-积混合云;(c)积云(对流云)

从上述分析和图示可以看出,当网格平均运动与实际运动差别甚小时,模式给出的运动样式与实际相近,即表示动力框架准确、可靠。这时再选用良好的显式云-降水方案,就会得到较好的结果(宏、微观场都精确)。换句话说,动力框架是否接近自然,是云场是否能接近自然的前提。当宏观动力场不合适时,次网格运动在隐式对流参数化描述方案中能够粗略体现次网格运动的作用,但它还是不能给出具体的次网格运动的图像。这就需要提高模式分辨率来尽可能地将次网格运动变化为网格可分辨运动,减小次网格运动的影响程度。

但是,进一步的研究实验指出,随着模式分辨率的不断提高,尤其是分辨率达 1 km 时,提高模式分辨率却未能改善模式模拟效果。这是为什么呢? 这是否表示现有的动力框架设计及计算方案有问题,不能正确描述空间分辨率小于 2 km 的运动图像呢? 这是有可能的。因为,非线性方程组,需要数值求解,应建立合适的数值积分方案,其中有一些守恒要求,如质量守恒、能量守恒等。对于天气、气候模式而言,在分辨率大于 2 km 时可能满足这样的要求即可,但在分辨率小于 2 km 的情况下,可能还得有其他要求,如组成这些量的成分是否合适。动量守恒表示所有出现的运动尺度包含的动量不变。然而,当较大尺度的运动量偏大些,较小尺度运动量偏小些,总动量可以守恒;反之,亦然。但组成动量的运动成分变了,运动的特征或主导尺度变了,运动的性质变了,造成运动图像失真。这就需要增加数值积分中的"保真性"要求。

对于模式分辨率,除应考虑模式动力过程与云微物理过程适配问题,还需考虑模式分辨率对云微物理参数化本身的影响。如在几十千米的水平格距时,可能相对湿度在 70% 即可认为饱和了,超过部分可处理凝结成云,而在分辨率达到千米量级时,此相对湿度的饱和判据则会提高到 100%。此外,在千米量级,甚至更高分辨率条件下,还需考虑湍流对云微物理过程的影响。

4.2.4 保真的差分计算格式

保真度的重要性。在最初的基础模式设计中,作者曾注意到在运用已有差分格式时,应尽可能选择对短波衰减小的,并注意控制二倍格距波的干扰,起到了一点防范作用,还没有从"保真"这个思路来探讨新的计算物理方案。

如何能把流场模拟好呢? 还需要从模式的动力框架入手,虽然通常认为改进动力框架有困难,甚至觉得"油水"不大,但这对于大、中尺度的模式来说,可能是知难而退的托词,但是对人工影响天气模式的动力学要求来说,不论"油水"大或小,皆是值得迎难而上去挖掘探究的。起码可以看出,仅建立全而准的方程组还不行,还应增加能保真求解方程组的差分计算格式。

钟青(1992)提出了一种空间离散方案构造原则——全能量保真数值的思路和方案,很值得重视并应用。其特色思路是,在网格点(i,j,k)上满足局地能量转换关系的保真要求,而不是只在全计算域来实现某种守恒。这个思路是很有道理的,在一个个网格内满足局地能量转换关系的守恒(保真)性要求,就有可能在每个格点内不明显地失真生乱,这才有可能做到全场总体上保真不乱。

这样,由于能在保证计算稳定的同时,也保持了网格微元的能量特性,这就能更真地描述中小尺度成分和多尺度结构,也避免了过度使用数值平滑、额外耗散引起的人为性衰弱带来的组分变异弊病。上述钟青的初步对比试验表明,由于改善了网格的能量转换的保真性,可以做到离散积分的稳定性,从满足必要条件提高到满足充分条件,其有效分辨率达到 3～4 格,而WRF 为 5～7 格、MM5 为 8～9 格、EC 为 10 格。为此,人工影响天气模式的构建者,应该将这方面的研究实验进行下去。

4.2.5　运动尺度组分失真、过度数值平滑和额外耗散可能带来的弊端

大气运动时而平静也时而剧变,在这样的转换中常伴有次级小尺度运动,这些小尺度的运动由于难以处理,过去通常认为没有天气意义或没有动力意义而被消除。事实的确是这样的吗? 看来不是,现举一个例子说明之。

图 4.4 所示为闭合流线和失真可能流型的举例。从图中可以看出,在气块有浮力上升中出现了一个"闭合对流环流",在运动尺度上它是一个新组分,它属于小尺度运动(图 4.4a)。如果在计算中把它当作"噪声"消除,那么启动对流发生的"雏形对流环流"可能就被扼止,即使不被清除,由于处置不当或失真等因素,也可能使原来"闭合对流的运动图型"演化成"开口对流环流"或"波式上升流场"(图 4.4b,c)。从流型的结构特征可以看出,这三种流型在性质上有本质的区别。例如,它们各自的维持、发展机制和优势条件有区别;能收集利用的不稳定能量范围是不同的;发展演化的终态和伴随的天气现象会有明显差异等。如果事实如此的话,这可是个很有动力学意义的课题。

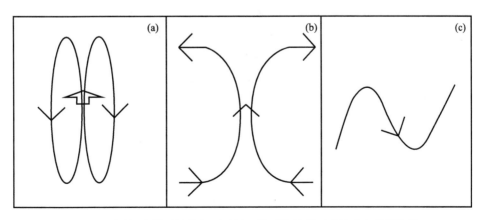

图 4.4　(a)闭合型对流流场;(b)开口型对流流场;(c)波式上升型流场

4.2.6　云降水描述(显、隐式)方案的检验和天气系统演化的把握

在改进动力框架的基础上,还需检验现有描述云方案是否合适及如何改进。高分辨率模式中可能有三方面的原因引起模拟结果偏差:(1)模式动力过程与模式微物理进程是否适配?(2)云微物理参数化方案的参数取值与模式分辨率是否匹配?(3)即使加入模式的云微物理环节是齐全的,由这些环节组合起来的过程链是多样的,模式进程与自然进程是否一致?这种不一致会产生多大的影响呢?

对现有云微物理方案如何评估?评估模式云微物理描述方案最简单、最常用的方法是对比模式降水与地面观测降水。然而,这种方法只能了解云微物理过程的终态,无法认识云和降水过程发生、演化路径。而且,模式进程的不同可能出现相近的地面降水的样式(pattern),反之亦然。

灾害性中小尺度天气系统是宏、微观场相互作用的产物,必然会有相互反馈,而且云微物理过程与动力场的反馈是强烈的,对系统演化方向起主导作用,可反馈多样的时空图像。对于描述云-降水过程来说,显式方案可以列出齐全的各个环节和环节间的多种连贯路径,哪个环节起主导作用,以及它向哪个下游环节演变,也是多样的。具体的自然演变路径是多种可能组合出的路径中的一种,而走哪条路径对演化终态可能有重大差别。这或许是导致其模式云微物理过程与实况进程接近度时好时坏的主要原因?

4.2.7　水凝物粒子群演化的分档描述方案

为什么需要有水凝物粒子群演化的分档描述方法,因为需要看整体式显式方案的关键性或全局性缺陷是什么。任何一个用于模式的描述方案总会有这样或那样局限,如果没有关键性或全局性的缺陷作为探讨实际问题的模式体系,就不必都去彻底解决。这不仅模糊了"战略目标",也会带来不必要的麻烦。

云中水凝物以粒子的形式成群存在,而且其尺度、形状皆不均匀,有某种尺度-浓度分布谱。云-降水过程的发展演变就是表现在这种粒子群分布谱的演化中。这种演化有两方面:一是粒子的尺度分布谱的演变;二是相态的变化(凝结—蒸发,冻结—融化,升华—凝华)。在一定的温度、湿度下,云的粒子谱影响着相变,而相变对粒子谱演变的影响会更大,正是相变对粒子谱演变的影响,才使相变在降水物理学上有着重大意义。例如,相变影响着粒子增长的方式和速率,影响着粒子间合并的效率。这些对降水的发展极为重要。由于相变过程带来的尺度变化是一种冰、水、水汽的连续过程,可以看成粒子与均匀离散介质之间的相互作用。而粒子间的合并过程带来的尺度变化,可能是不连续随机的过程。

云粒子尺度谱,形态是多变的、多样的,但有统计规律,可以以某种分布函数来表示。例如直径为 d 大小的粒子浓度 n 与直径的关系常用指数分布(Gamma 分布谱)函数表示,在给定谱形函数的情况下,谱函数的谱参数确定了就确定了谱分布,谱参数的演变就反映了谱演变,这种定谱形函数由参数决定谱演变即为参数化的方法。

粒子谱有总体的统计特征,即可以用谱函数来描述,但不适合描述谱中的某尺度段的粒子变化而引起的演变,而谱中的某尺度段的粒子变化对降水发展来说常起到重大影响,但因为在参数化方法中,某段粒子的变化只能通过谱形整体变化而得到部分反映,甚至是微小的反应。更严重的是参数化方法把粒子群捆在一起,粒子群只能作为一个整体来运动,这对于非均匀的

离散粒子群是不可能的。因为粒子群中的粒子是按自己的单独性状来运动的,不可能按某种平均值运动,这可能对粒子的自然运行增长轨迹及结局造成严重歪曲,以致于使自然云-降水过程及相伴的宏、微观相互作用的图像明显走样。

为了避免这种歪曲,就把"捆"起来的粒子群解套,一粒一粒地来考察,太繁琐也不必须做,就采用把粒子群按质量或按尺度分成许多档,这就是分档描述方法。

4.2.8　如何来分类水凝物粒子群

水凝物粒子群包含云滴、雨滴、冰晶、雪、霰和冰雹等。如果不分类而单按质量(或尺度)分档时,相态、形状、质量密度就难以考虑其影响。为了区别相态,是否需把粒子分成水粒子和冰粒子两部分? 水粒子可以按准球形来处理,质量密度等于水;冰粒子的形状太多样,难于细究,可以用干湿增长条件来判断冰粒子是干或是湿(含水)来诊断出它的质量密度,而冰粒子中是否是冰晶、雪、霰或冰雹粒子,可用所在档的尺度、质量密度等来判别? 不必按设计者定出指标硬性地把冰粒子分成冰晶、冻滴、雪、霰和冰雹,因为这样来分类,增加了描述方程的数量,繁琐了相互作用,而且阻碍了冰粒子间的自然转换。

4.2.9　在分档模式的设计和应用上,要有的放矢

设计时要考量哪些问题应当使用分档方案,不然会造成物理上的严重歪曲,视情况来启用分档描述方案;哪些问题可以不用分档方案,即使它会产生变异,也不会影响其基本物理进程,甚至它可能在实际上,也是一种可能出现的情形,或只影响某一现象(如降雨/降雹)发生的时刻早晚或时序,而不会变更现象发生与否。在这种情况下,就可以不启用分档方案,不然就有可能添了很大的麻烦,而收效甚微。

4.2.10　合适的初始、边界条件

人工影响天气模式需要具有比天气、气候模式更合适的初始、边界条件的给定方案。在获得初始场时,客观分析关注中、小尺度系统的结构特点,尽量保留中小尺度信息,场值的网格化取值要就近舍远。图 4.5 显示的是近点资料拟合(或近点资料的扫寻权重插值)示意图。从图中可以看出,近点拟合能够反映出中、小尺度特征。对于一个区域模式来说,有边界处理问题。特别对于人工影响天气模式来说,描述的运动尺度谱更宽,保真性要求更高,需严防假波混入"兴风作浪",祸及全局,边界处理更需周到。经试验一些常用的边界处理方案皆不够完善,为此,设计了悬浮边界和递解边界。边界流入场为较大运动尺度的输入,可能在边界受到阻滞,可采用悬浮边界。对于流出边界常可发生寄生短波或波反射或驻波,可采用递解边界方案把假波"递解出境"(见图 4.6)。

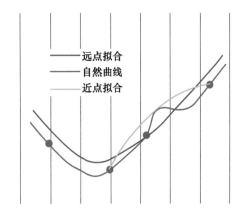

图 4.5　自然分布区域(红)及用远(蓝)、近(绿)资料点拟合的分布曲线示意图

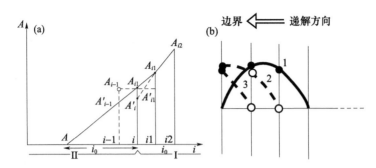

图 4.6　悬浮边界处理(a)和递解边界中边界处的畸变波被递解出域过程(b)的示意图
(b)图中 1,2,3 表示在被递解出域过程中波形的变化

4.3　小结

　　建立功能齐全的通用模式还存在着一些困难。如上所述,由于对人工影响天气模式的高要求,很难像以往那样再去"搭车"获取天气、气候模式的新成果。所以,人工影响天气的研究者应当自己动手做起来,可先针对不同类型的人工影响天气问题,对数值模式有针对性地来设计和构建专用的人工影响天气模式。如分别建立适用于理论或原理性探讨,个例的精细模拟(再现、观测资料的融合、个例物理模型的勾画等),效果评价等的模式。人工影响天气数值模式应具备以下特点。

　　(1)模式动力框架采用三维、可压缩大气、含有三相水物质的大气运动方程组。云的宏观场,用欧拉(Eular)方式来描述,对于可作为连续场处理的云水粒子背景场是用半 Lagrange 方式来描述,而对降水性粒子群用全拉格朗日(Lagrange)方式来描述。边界流入场为较大运动尺度的输入,可能在边界受到阻滞,可采用悬浮边界。对于流出边界常可发生寄生短波或波反射或驻波,可采用递解边界方案把假波递解出境。

　　(2)模式水平分辨率应与雷达观测分辨率(200 m)相当,能够较好地描述大气运动的非均匀性。在高分辨率条件下,发展保真的差分方案,以保证动量守恒的同时,使组成动量的运动成分合理演变。

　　(3)人工影响天气模式中需采用显式云物理方案来直接描述云-降水微物理过程,可根据需要对其中的部分粒子进行分档处理。构建云物理参数化方案过程中,应结合模式的动力过程、模式分辨率等属性。

　　构建起具有如上所述功能的模式后,为模拟或预测自然云系结构及演化提供了有效的工具,可利用模式再现实例的演化过程,并判断是否能采取什么样的人工影响措施,使天气过程向着人们期望的方向和终态转变。有了这样的基本模式,在配合观测实况中给出实例天气的"体",能为人工影响天气"量体裁衣"。

　　当然,人工影响天气基础模式应具有适合中小尺度-云体系统的资料同化和云分析能力,同时具备人工影响天气实施技术模块。其实完善人工影响天气基本模式的功能也有助于提高资料同化和云分析的质量。在此基础上才会有较好应用性的云宏观和微观场产品,再扩展增加关键云参数化变量的预报、诊断、检验和实施人工影响天气技术等模块,形成人工影响天气模式体系。

4.4　新进展及新探索

在上述关于建立人工影响天气模式中面临的问题,实质也是建立真正能描述小-中尺度的、融天气-动力-物理为一体模式时要解决的。为此,一批关注成灾暴雨的学者正在这方面取得进展,也揭露出一些疑问。举例说明之。

4.4.1　模式

NCAR(美国国家大气研究中心)模式能够跨尺度、成功模拟出全球的、区域的、局地的典型天气事件(图 4.7),表明模式各功能部件已具备,协同在一起可能提高形成贴近对自然事件的描述能力。这只是成功地模拟再现,而不是成功预报。

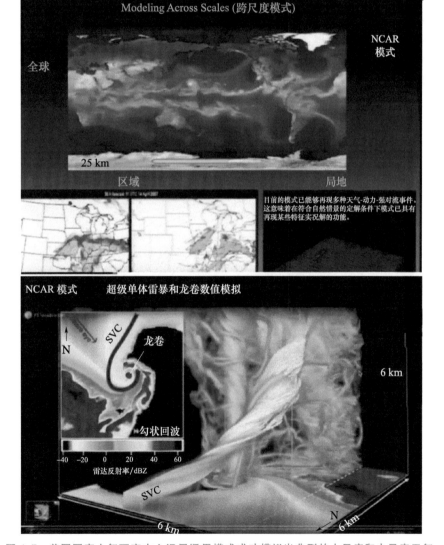

图 4.7　美国国家大气研究中心运用通用模式成功模拟出典型的大尺度和小尺度天气,
其中下图为 Wisconsin Madison 大学 Leigh Orf 教授使用 CM1 模式模拟的龙卷的 NCAR Vapor
可视化图(https://visualizations. ucar. edu/visualizations/f5-tornado-in-cm1/)

NCAR 模式能够跨尺度、成功地模拟出一些全球的、区域的、局地的典型天气事件,表明模式各功能部件已具备,并有可能协同起来具有了贴近对自然事件的描述能力。但这是成功模拟再现,而不是成功预报。

4.4.2　天气事件的模式模拟再现与模式成功预报的差别

顾震潮、丑纪范早已指出:天气预报不仅是初值问题,也是演变问题。即初始场要能体现实况,演变路径也逼近自然。

两位老师所提出的思路和方法受到学界的普遍赞赏。因为从早期的数值预报看,就是初值问题,而从天气图预报来看,就是演变问题。后来才发现实现起来很是复杂。一是准确掌握初始场不容易,不是什么都能观测到的,也不是观测到的皆能理解;二是演化问题的重要性,是与演化的复杂程度、影响演化的因子数及影响程度的时变性密切相关,当影响因子数少、相互作用的非线性弱时,初值的作用比演化的作用明显(如单纯的热湿对流/简单的地形影响);反之,当影响因子数多、相互作用的非线性强时,初值的作用弱且短,演化路径在相空间中会出现分叉、多态等不确定性,使得难以把握实际的演化路径;三是模式功能本身或运行中存在着局限性,大气是一个多元非线性系统,特别是对于湿性的 γ 小中尺度,场间相互作用呈现出复杂景象,模式对某种景象处理时,与自然进程稍有不同就会脱离实际的演化路径。例如在图 4.8 中所示意的那样。而且,初态、演变、终态是相辅相成的,一步有错波及后续,即使有办法能摸索到它的可及范围,但仍判别不定哪个是最贴近实际的,再加上处置起来太费事、费工,难以实施。

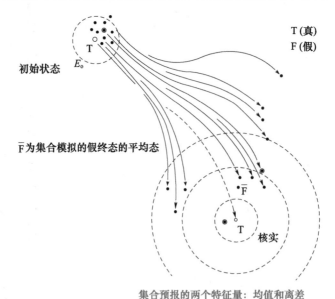

图 4.8　集合预报 9 个从初态演化到终态的路径图示

(底图引自 ECMWF,98 号信札,2006/2007 年冬季)

如何估判实际初、终态点的位置?

从初态到终态的演化路径集合产品中为何达不到期望终态点?

初值靠观测同化,演化靠路径,而路径呢? 先把可能的演化路径集合出来,再去寻找实际路径是哪一条。其中可以用松弛逼近、添加应出而未出的局地系统,视演化的情况及条件,智能查找相近实例逼近自然终态解等(图 4.9)。总之,想方设法"凑"出来一条贴近自然的路径,再追溯其中的道理。(计算物理中实验性研究)

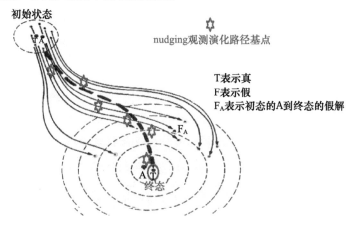

图 4.9　利用 nudging 方法使模拟路径向观测或精细预报的演化基点靠拢的示意图

4.4.3　人工智能

人工智能(AI)的本质是求线性回归,通过 $x \to y$,因此特征因子 x 数越多,拟合的 y 效果越好;AI 当然不止一层线性回归,而是多层(维数)线性回归(胡志群在中国气象科学研究院做的报告)(参见图 4.10)。

虽然 AI 的"办事风格"按胡志群的评语是"简单笨冗",但它"一快遮百笨""极速能成仙"。

AI 最适合替代人工来完成这样海量繁琐的事。对于人们而言,处理大数据求规律或从历史资料中找相似个例,不仅"苦不堪言"而且"力不从心";但让 AI 来做,瞬间,变"天方夜谭"为"探囊取物"。

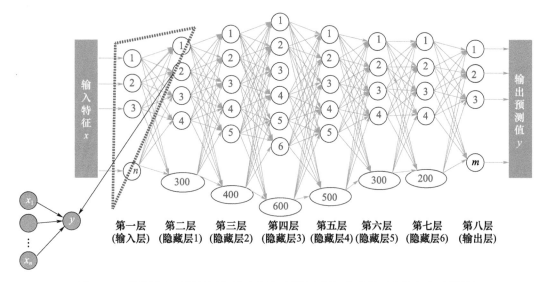

图 4.10　求线性多层线性回归的流程示意图(中国气象科学研究院胡志群提供)

4.4.4 从优化初值和改善物理过程描述取得的进展

一些团队在如何优化初值场方面下了功夫,并充实了对相关物理过程的描述。这样的努力方向是对的。

例如,尹金方等(2022)在模拟广州城市热岛效应对城市及周边地区强降水的影响中,由于及时依次揉入了地面加密的温度、风场观测资料后才再现出了城市热岛及其触发的对流和强降水的时空演变。不然,在模拟中的城市热岛(缺乏够长时段及够大尺度的热量支撑)就迅速减弱消亡,导致了个例模拟的失败。

从方程的构成来看,有齐次项和非齐次项。齐次项是描述系统内在的演化,非齐次项是描述外在强迫引起的演化。齐次项的描述特征要求是把握好其或高或低的非线性积分的稳妥性,而非齐次则是要把握其强迫的真实性(是否贴近自然)。

再如,刘玉宝团队为了"使初值接近实况,使描述贴近自然"对方程的非齐次项的精确估算做了多方努力(图4.11)。

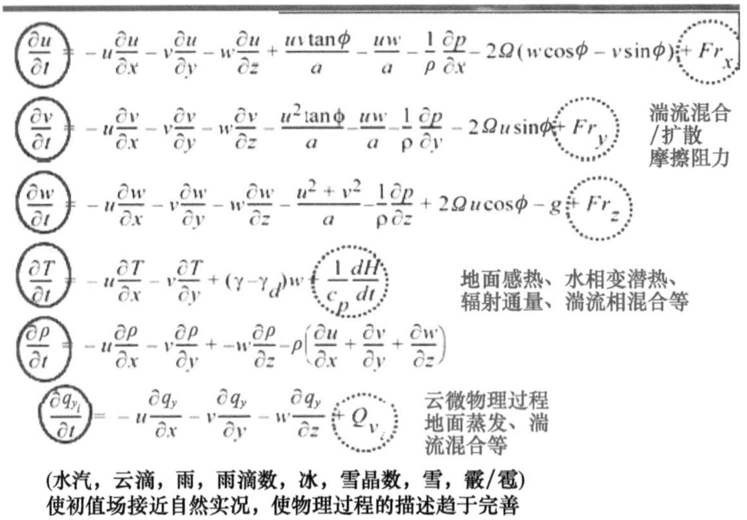

$$\left(\frac{\partial u}{\partial t}\right) = -u\frac{\partial u}{\partial x} - v\frac{\partial u}{\partial y} - w\frac{\partial u}{\partial z} + \frac{uv\tan\phi}{a} - \frac{uw}{a} - \frac{1}{\rho}\frac{\partial p}{\partial x} - 2\Omega(w\cos\phi - v\sin\phi)\left(+Fr_x\right)$$

$$\left(\frac{\partial v}{\partial t}\right) = -u\frac{\partial v}{\partial x} - v\frac{\partial v}{\partial y} - w\frac{\partial v}{\partial z} - \frac{u^2\tan\phi}{a} - \frac{uw}{a} - \frac{1}{\rho}\frac{\partial p}{\partial y} - 2\Omega u\sin\phi\left(+Fr_y\right)$$ 湍流混合/扩散 摩擦阻力

$$\left(\frac{\partial w}{\partial t}\right) = -u\frac{\partial w}{\partial x} - v\frac{\partial w}{\partial y} - w\frac{\partial w}{\partial z} - \frac{u^2+v^2}{a} - \frac{1}{\rho}\frac{\partial p}{\partial z} + 2\Omega u\cos\phi - g\left(+Fr_z\right)$$

$$\left(\frac{\partial T}{\partial t}\right) = -u\frac{\partial T}{\partial x} - v\frac{\partial T}{\partial y} + (\gamma-\gamma_d)w + \left(\frac{1}{c_p}\frac{dH}{dt}\right)$$ 地面感热、水相变潜热、辐射通量、湍流相混合等

$$\left(\frac{\partial \rho}{\partial t}\right) = -u\frac{\partial \rho}{\partial x} - v\frac{\partial \rho}{\partial y} - w\frac{\partial \rho}{\partial z} - \rho\left(\frac{\partial u}{\partial x} + \frac{\partial v}{\partial y} + \frac{\partial w}{\partial z}\right)$$

$$\left(\frac{\partial q_{y_i}}{\partial t}\right) = -u\frac{\partial q_y}{\partial x} - v\frac{\partial q_y}{\partial y} - w\frac{\partial q_y}{\partial z}\left(+Q_v\right)$$ 云微物理过程 地面蒸发、湍流混合等

(水汽,云滴,雨,雨滴数,冰,雪晶数,雪,霰/雹)
使初值场接近自然实况,使物理过程的描述趋于完善

图 4.11　为了使初值接近实况和使描述贴近自然,精确估算非齐次项(圆虚圈)的图示

(引自 刘玉宝 PPT,2022)

从图4.11中方程组的各项意义可以看出,非齐次项的重要性,它的精度不仅直接影响着参数场的梯度和时变量,而且变更着场结构。鉴于非齐次项是各个物理过程的反映,其中云降水过程的贡献不仅大,而且存在着对其描述的不确定性也是最大的。虽然取得了进展,但刘玉宝等认为:对云降水物理描述的评价则是"方案是成熟的,结果是不准确的"。这与4.2.6中给出的境况是相似的。

为何"成熟"而"不准"?

"成熟"是什么意思呢?是否"成熟"应该表现在模式框架、描述方案上。"成熟"意味着模式动力框架及物理过程的描述已趋于合理和完善了。

"不准"是什么意思呢?"不准"应当是模式的计算解并不总是贴近自然实际解。其原因又是什么呢?

原因应该是定解条件:特别在初、边值逐渐完善(反演-同化举措)等方面已取得明显进步,致使有时能获得与自然解相近的成功解,但有时则不能。"时能、时不能",尤其是在物理过程中估算出的非齐次项的值误差明显时,由于非齐次项影响着齐次项的结构,必然会使场量的演化量值及方向出现差异,导致演化路径偏移,改变了原来可达到贴近自然解的路径。如果是这样的原因,那就是模拟演化路径与实际演化路径不一致的问题了,或者说是定解(或说定解过程)的不准,而不是解的不准。解都是模式的解。

Li 等(2023)论文中所述的结果是"对",但从降雨物理学角度则是难以理解是"错"的问题,可能是作者提出的描述方案实际上并不是主观所想象的那样。模式不会"稀里糊涂"的给出结果,或"正打正着"或"歪打正着"或"正打歪着",皆应是按模式"依情势而选的路径"运行得到的,所以都是模式的解。遇到这样的算例,可仔细查看求解过程中的输出记录,先查是不是源于对降雨方案的作用有误判,再查看是不是其他因素的影响比云-降水的影响更重要?

怎么办呢? 还得从中小尺度系统的特征着眼,从思路和方法上去"拾遗补缺",去更新或完善模式跟踪实况演化的能力。

对模拟实例来言,只要有必要的时空资料,就可能"比着葫芦画瓢"或"摸着石头过河",反复进行精细、超集合模拟,适当运用松弛逼近(Nudging)实况,或直接添加理应有而模式出不来的物理效应(Bogus),力争能再现出贴近自然个例的形成过程和演化路径,先看看为何才会出现与实际时、空相适配的、贴近自然景象的端倪,甚至还会为追溯其中的机理提供思路呢?

对于预测-预报来说,这时的"葫芦不完整""过河无目标",即使再"滚动/迭代"也到不了终点! 最后一程大概还得摸索着求因果相关、找历史上路径相似的"笨"办法吧! 当然得让 AI 来。

AI 会机器学习,是机器自己学习,自己从数据中提取规律。如果历史上没有出现的中小尺度的事例群(cases),机器基本无法学会,AI 虽巧,但也难做"无米之炊"。所以要为 AI"备米",即要为 AI 准备含有小-γ 中尺度系统信息的事例群,供给 AI 来学习相关知识的教材。

4.4.5　从哪些方面来为 AI 备合适的"教材"呢?

①选例,含有小-γ 中尺度系统信息的个例群;

②多手段提炼出发生个例中的阶段物理结构模型及物理过程模型;

③精细模拟再现实例的全过程。

在备"米"中,除本章已述的关注项外,还需尽力做到以下几点:

＊关注小-γ 中尺度系统信息不被歪曲或消除;

＊直接运用基本参量原始方程组,以避免在变换成组合参量时隐含着的非自然约束;

＊全程揉入所有资料中有物理意义且在某阶段中起主导作用(而非主动性的从动性)的信息,以防范破坏整体相对协同性而激出的有害震荡;

＊由于需有初值和演化信息,自然就得采用 4D 同化。它有两类:集合超松弛卡尔曼滤波(4D-ERKF)和伴随模式(Adjoint model)。考虑到卡尔曼方法中必须获得的"误差矩阵"须拥有相关的大数据,而伴随方法对此要求偏弱,因而在备"米"初期,先用伴随方法为佳,以获得起码可试用的"误差矩阵"后,再转用 4D-ERKF。

4.5 模式设计或模式运用中须说明白的三点

4.5.1 双参模式与双参谱演变

* 单双参模式

单、双参模式实质是以水凝物粒子的 1 个或 2 个参数方程来描述其演化的模式-非参数化的直接方式。

水凝物粒子的结构及其演化的直接描述，起码可有质量含量 q 和数浓度 n 两个参数，还可有尺度、形状、相态、体密度等参量。但由于它们的不确定性太大，一般就用 q、n 参数来直接描述它们的结构，结构的时变即演化。粒子群结构及其演化是以某个单粒子的 q/n 或 q-n 方程解来集成描述的，考虑了各种生消作用，是个普适性很高的方程。它的描述是直接、显式的，可称为单参模式或双参模式。这样的以 q/n 普适方程在顾震潮(1980)《云雾物理基础》中已经列出。这实质是不分档的滴浓度或滴质量连续变化方程。Berry(1967)把它简化为分档的滴浓度或滴质量变化方程，又可称为随机碰并方程。

云滴参数 A_k 的连续方程（A_k 可以是脚标为 k 的是滴浓度 n 或脚标为 k 的滴质量 q）

$$\frac{\partial A_k}{\partial t}+\mathrm{div}(V_x A_k)-\mathrm{div}(D\nabla_1 A_k)=-\frac{\partial}{\partial v}\left(\frac{\mathrm{d}_k v}{\mathrm{d}t}A_k\right)+\left(\frac{\partial A_v}{\partial t}\right)_{\text{碰并}}+I(v)$$

式中，脚标 k 指对 k 云滴的运算。V_k 是云滴的速度，D 是扩散系数。式中左边第一项是由于云滴生长面造成的 k 间 $\mathrm{d}v$ 间隔两侧移出移入云滴的净增加率；左边第二、第三项代表各种重新分布(输送、交换等)所造成的 n 的局地变化，而右边三项代表使云滴体积本身有所改变(云滴形成、发展、消失)而造成的 n 的局地变化。$\frac{d_k v}{dt}$ 中包括凝结和蒸发作用在内。$I(v)$ 代表每单位时间所产生的云滴分布的变化，它包括了其它各种使云滴新生及消失的因素。

此普适公式是依据顾震潮(1980)《云雾物理基础》书中第 2 章的单对浓度 n 的公式(2.1.15)扩展得到的。

* 双参谱演变

双参谱演变是指在水凝物粒子群具有某种谱函数的约束下，以谱函数中参数变化来参数化地描述其谱演化，是隐式方式。

粒子群的分布可以用谱函数来近似。如 Gamma 指数谱函数：

$$n(d)ad^a\exp(-\lambda d)$$

式中，a、α、λ 分别是指数分布谱的截距、谱形指数、斜率，d 是粒子直径。

对于具有指数分布谱的粒子的群，谱参数有三个：a、α、λ，即分布谱的截距、谱形指数和斜率。如对于某种粒子群，α 可采用给定值。因而，谱演变可由 a 和 λ 取值来决定，这可称为双参谱演变。单参谱演变，一般是再给定 a，谱演变可单由 λ 的变化来描述。

单参谱的优点是简单，缺点是只能通过斜率的变化来反映谱变化，造成只能通过大粒子端的分布变化来反映谱演变，这与自然变化相差甚大。

双参谱演变方案中，依粒子群体积水的比质量 Q 和比浓度 N 两个量来导出 a、λ，而在单参谱演变时只需由 Q 或 N 一个量来导出 λ。

所以,用粒子群的两个参数$(q、n)$方程直接来描述的粒子群结构的变化的方案,是非参数化的;而以 Q/N 或 $Q\text{-}N$ 推测出 1 个或 2 个谱参数变化来间接反映谱演变的,是参数化了的单/双参谱演变。双参模式与双参谱演变参数化方案,两者间学科概念、针对问题、处置思路、描述方式、繁简程度皆是有明显区别的。为此,在模式设计及运用中应当酌情选择,不可混淆或混用,不然会有损模式的相对整体合理性。

还有一点请注意,双参谱演变靠的是体积水含量 Q 和体积水粒子数浓度 N 两个方程;而选中的谱函数中有 3 个待定参量,所以一般就先靠观测资料把谱型参量 α 定下来,再用 Q、N 两个方程去算出谱截距 a 和谱斜率 λ。虽然这是方程数等于了待定参数的数目,从求解上看是闭合了,但由于 $Q\text{-}N$ 之间缺乏像运动方程那样 $u\text{-}v\text{-}w$ 连续性方程的严格约束,结果是一个 Q 值可以对应着多个物理上是合理的 N,使判估出的值都处于合理的范围内,就出现了谱截距 a 和谱斜率 λ 估值的不确定性,应采取物理学限制来防范这样的不确定性引起的谱型跳跃。

于是,有学者就想出 3 参数谱演变的"点子",但是,如何去找到可靠又独立于 $Q\text{-}N$ 的第 3 个参数方程呢?

4.5.2　避免"画蛇添足"或有损相对的整体合理性

模式是集大成于一体的系统,一旦投入运行是"循规蹈矩""顺天(第一性原理)而行"的,该出现的过程是会出现的,不需再另行"画蛇添足",甚至把诊断工具纳入计算序列。例如,单列冰粒子快速增长的贝吉龙过程等。因为贝吉龙过程中只是冰相粒子增长的一种状态,模式中要纳入所有的情景:对实况水汽压 E,水面饱和水汽压 E_w,冰面饱和水汽压 E_i,

当 $E>E_w$、$E>E_i$ 时,滴、冰皆增长;

当 $E<E_w$、$E>E_i$ 时,滴蒸发可局部维持 $E=E_w$、冰快增长(贝吉龙过程);

当仅 $E>E_i$ 时,冰也可增长。

即"贝吉龙"过程不是唯一的冰晶增长方式,只需 $E>E_i$,冰晶也能长大(王以琳 等,2022),没有过冷滴参与也可下雪。凡能把水汽凝结(华)物粒子转成降水粒子的皆是空中水资源(图 4.12)。

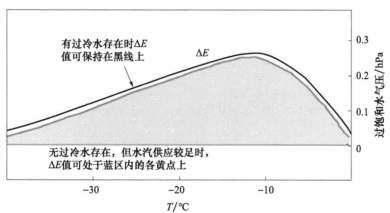

图 4.12　只需水汽饱和度大于冰面饱和度,冰相粒子就可增长的示意图

只要水凝物粒子群处于图中蓝区,即使没有过冷水也在增长中

(E_i 为冰面饱和水汽压,E_w 为水面饱和水汽压,$\Delta E=E_w-E_i$)

何为相对的整体合理性？意思是，整体必然有多个部分，如欲达到整体合理则要求各部分皆合理（贴近自然），而且其合理程度须大体一致。做到这两点需要一个学术、技术、处理方案的累积过程，短时间做不到。所以就退而先做到相对的整体合理性，这类似于素描一个人物，不论是"个大魁梧"或是"小巧玲珑"，只要尺寸比例协调，其基本特征不会走样。但是，即使能单"把头画得如真人"一样，其他部分的仍旧原样，就会在描述整体特征时出现扭曲。这表明保持整体相对合理性的重要性。反之，局部的明显改进则可以引起整体上的负面反应。

4.5.3　与业务规范接轨

人工影响天气工程是气象业务的组成部分，皆应与业务规范接轨。特别是对于降水物粒子属性的界定需按规范来处理。笔者已在这方面提出了可行的方案，详情已在《强对流云物理及其应用》（许焕斌，2012）书中的 6.1.2.3 节给出，此处不再赘述。

带电粒子的促凝效应——新原理

　　带电粒子群效应如何促进空中水汽初始凝结成云致雨的介观(凝结态物理学中的中尺度)科学内涵及机理追溯。

　　这里的初始凝结实质是指,从 0.4 nm 的单个水分子(微观-量子特征),到成为刚失去量子特征的几十纳米的水分子簇团(介观特征)的聚合过程。当水分子簇进一步长大到百纳米(nm)、量子特征完全消失后才进入宏观物理学领域的常规凝结进程。由于带电粒子与水分子作用问题,尚处于既非微观又非宏观的介观状态,在知识上有缺失也有不确定性(例如,随着组成水分子簇的分子数值的增加,其性能演化趋向会出现突变的幻数效应等),如何深入了解在理论上和实验上皆有瓶颈,克服招数也不多,久等不下去了,得寻求一个可绕过"常规"研究"介观"的方式去粗窥凝结全过程的梗概。为此,将以可信的事实为依据,在第一性原理的约束下来推演,"摸着石头过河",先勾画出一个物理框架,试追溯出一个理当存在的"带电粒子效应"链,最后用实例试验来校验、改进、再校验的方式,看看能否逐步定性了解凝结全过程是怎么进行的?

5.1　引言

　　国外对"带电粒子效应"做了多个研究试验,相关报道多为媒体及专利等,几乎见不到正式文献。近年来才见到在权威期刊发表的几篇文献,虽从中印证了一些媒体报道的真实性,但对其涉及的起作用的流程及机理的介绍,似有暗示,确有误导,且缺乏明白又清晰的陈述。为了佐证笔者的评述是有依据的,本节就把相关原件的截图列在图 5.1—图 5.3 中。

　　近年来,我国开始了由国家立项的项目(华中理工大学领衔)。笔者作为研究试验的参与者,从跨学科角度,试梳理其中的学科核心特点及试追溯其理当有的机理-效应链。

　　特别需要强调的是,此项目学科特点:①是空中带电粒子群本身与水分子群间的相互作用能否促水汽凝结继而成云致雨? ②不是利用外加高压电势场来迫使具有电偶极特征的水汽分子向电极聚集→浓缩→凝结→滴水。当然,带电粒子群的发生问题可用高压电离技术,但它不是唯一可选的技术,例如"等离子体"(plasma)也可提供带电粒子群。

(a)

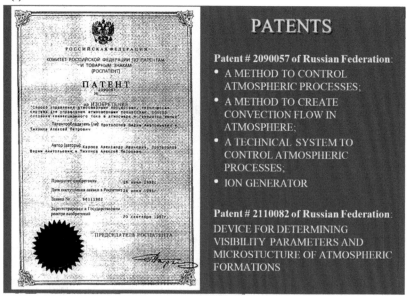

俄罗斯 专利证书 1997 离子发生器调控大气过程

(b)

科学家正尝试在沙漠地区生成云
对天气控制

图 5.1 相关专利证书的截图(a)及相关报道截屏(b)

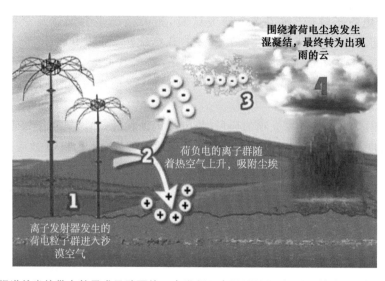

图 5.2 相关报道给出的带电粒子成云致雨的 4 个进程示意图(原图只标到 3 的成云,笔者加标了 4 致雨)

униполярных легких обводненных ионов

（单极的轻的有水源（汽）供给的离子）

unipolar easy wet-saturated ions

（单极性易湿饱和的离子群）

ионизатором, который несет с собой молекулы воды,

（自带分子水的离子）

watered ions　（水浸了的离子群）

flooded ions　（水泡过的离子群）

图 5.3　国外对描述带电粒子（inos）与分子相互作用的用词及
报道、专利、文献中对离子亲水性的词语

5.2　相关报道及文献摘录

据《阿拉伯商业》杂志透露，阿联酋 2010 年夏季进行了增雨试验。作业外包给外国公司，国际大都市系统公司建立了五个电离装置，每个配备 20 台发射器，可将数万亿（$10^{13} \sim 10^{14}$）个离子发射到大气层。马克斯-普朗克气象研究所监督。当相对湿度达到 30% 以上，开动带电粒子发射器，少雨的阿联酋出现了 52 场降雨（也有说仅降雨零点几毫米）。

这些非正式的报道是否可信？终于在 2022 年正式发表在《International Statistical Review》（Ray et al.，2022）文献中得到了佐证。文章的标题是《Nudging a pseudo-science towards a science—the role of statistics in a rainfall enhancement trial in Oman》，并给出了在"带电粒子增雨试验"达到了增雨 17% 统计效果。文章的主标题是：统计学正在把一项"伪科学"推向"科学"中起到了作用。意思就是告诫学界：不能以已有的知识去把自己尚未知的事物误冠为"伪科学"。

这篇文章不仅印证了媒体报道的情况具有真实性，而且提示专业者要意识到：从统计学得到的 17% 的正效果中应当反映着有未知科学规律的存在，这激励了物理学界的好奇心。相信从制约万物演化的第一性原理——物理学出发，能去直接探寻出其中具有清晰因果关系的规律性机理。

该文献说：

地面电离技术是通过云电离作用，假设其过程如下（为了解论文作者原意，先列出原文，再给出译文）：

（1）Aerosols (small atmospheric dust particles) become negatively charged (ionised) after expo-sure to a high-voltage corona discharge wire array (the ioniser)[暴露于高压电晕放电线阵列（电离器）后，气溶胶（小的大气尘埃颗粒）带负电（电离）]；

（2）Convection currents and turbulence in the atmosphere then convey these negatively charged aerosols into the cloud layer where they act as cloud condensation nuclei (CCN) for cloud droplets[然后，大气中的对流和湍流将这些带负电的气溶胶输送到云层中，在那里它们充当云滴的云凝结核（CCN）]；

（3）The electric charge carried by these CCN-generated cloud droplets stimulates their collision with other cloud droplets and subsequent coalescence into raindrops(CCN 产生的云滴是带电的,它们激励着云滴间的碰撞,随后碰并成雨滴)。

是这样的吗？对流如何产生？欠饱和条件下怎么发生凝结？

俄罗斯报道中一些词的启示：自带水、易湿、水浸的离子？这是暗示！

引发了对流？这是误导！(干热对流/干对流边界层/尘卷？带电粒子群运动拖曳?)

如果上述报道是可信的,那就必须回答如下的一些核心科学问题：

• 为什么离子会是易湿饱和的/自带水的/水泡过的/？其发生的环境是欠湿饱和(应是局地饱和)？

这其实就是在暗示其机理或过程是：离子(ions)具有主动"抓"水汽的功能。起始"抓"水汽是表现为离子易湿饱和,"抓"到一定程度就呈现出"自带水",再继续"抓"就类似于"水泡过的",这也意味着离子的主动"抓"汽能力不仅能"抓"一时还能"抓"一阵子呢！

• 离子抓了水汽后的供应问题,是水分子簇团-离子水合物形成后具有了水汽自汇集效应的表现吗？

• 易湿的离子群如何流动？它们被什么力驱动？即使离子群运动起来了,占少数的离子群能带动数量极大的空气团上升或出现对流吗？这可能是一种缺乏大气物理知识而发生的误解吧？难道不能把离子群"抓"水汽向自身聚集视为"初始凝结过程",从而派生出"准凝聚潜热"释放加热周围的空气,引起的浮力对流？

• 当然上述各环节皆应反映在试验过程中。如,何时开启/关闭离子发生器？其后何时成云？何时致雨？出现的时序？可惜,这些资料均无报道。

5.3 带电粒子理当有的效应 （依据现象按第一性原理给出的一种推测）

带电粒子会有什么效应？是不是如报导所说的那样能在环境欠饱和下"成云致雨"？如果是,就能解答疑问。如果不是或不能,确是一个跨学科的难题了。而且不仅学科跨度大,且在学科跨越中存在着"两头难"。

由于在外学科中,带电粒子与水分子作用问题,尚处于既非微观又非宏观的介观状态,在认知上是不确定的,如何深入"招数"不多。本学科应用外学科的哪些成果、能达到什么目标也是模糊的。

但是组织进行这类试验的"来头"大(马克思普朗特气象研究所监管),地区多(阿联酋、澳大利亚、墨西哥),持续年份长;媒体报道多,也有专利推介,但无文献可查。

看起来"玄",疑问重重,恰似"伪科学"？即使令人好奇求真,但确难"鞭辟入里"啊！

5.3.1 带电粒子效应链

带电粒子效应链的组成是：

(1)大气中的水汽分子并不总是单分子,而可是多分子群;

(2)依据多分子水汽方程,当单分子水汽变成多分子水簇团时,簇发区会是水汽的"汇",导致周围水汽向该区聚集,使局地湿度增加;

(3)这就为在背景湿度还处于欠饱和时可以出现局地饱和,并为局地"成云"准备了水汽条件;

(4)带电粒子在分子层面以库伦力式的离子键力与具有电偶结构的水分子相吸引而形成簇团的水合物,(4)又可促进了(2)—(3)的进程;

(5)局地饱和度的增加和离子可在欠饱和下出现的初始凝结会导致水分子动量减小而放热,它会局地加热这里的湿空气团并获得浮力而上升,上升膨胀降温又使气团饱和湿度降低。这不仅可导致对流云的形成,而且建立起了对流云继续发展的正反馈;

(6)随着对流云的发展,云水量逐渐增加,由于云水→雨水转化率正比于云水量的 3 次方,这加速了云-雨转化,完成了"成云后致雨"流程。

可见,这 6 步,每步皆有基本规律可循,步步相接,是依规律链成的效应链;没有违规,不是靠某个单环节效应,更不是拼能量。

5.3.2 如何按上述 6 步来理解阿联酋成云致雨的 4 个进程(图 5.4)

有效"成云致雨"3环节:促水汽凝结——源、促滴间并合——大、促雨元繁生——多

图 5.4 被笔者追溯到的带电粒子群在成云致雨中的应当具有的机理示意图

带电粒子群在成云致雨中的机理链:

①大量释放带电粒子群;

②促使水分子簇和离子水合物形成,水汽向此域汇集,增湿;

③水簇团-水合物吸湿增大,再有带电离子的注入,随着凝结潜热释放加热空气浮力上升,对流发展;

④随着对流发展,凝结量增大,云水快速转变为雨水,降落。

5.4 物理洞察与学术提炼

物理洞察与学术提炼集中展示在图 5.5 中。即如果带电粒子效应的确起到了 5.3 节所列出的机理链,起码在图 5.5 中应出现类似的蓝色增长曲线。

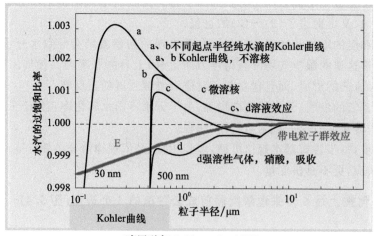

(底图引自Markku et al.，1997)

图5.5　带电粒子群效应可强于溶液效应的示意图(蓝粗线所示为带电粒子群效应下的增长曲线)

图5.5中,蓝色增长曲线的特点是,在欠饱和情况下,粒子一直在增长着。请细心观察,对于不溶核的增长曲线而言,在欠水汽饱和下,于30 nm附近也在增长着,这表明自然小粒子在欠饱和条件下可呈现出初始凝结的趋势?

5.5　华中科技大学的理论新贡献——给出了期望的蓝色曲线

在如何形成"蓝线"的理论和实验研究中,华中科技大学(简称华科大)于克训团队(于克训、张明、王鹏宇)已取得可喜进展。

(1)理论

电荷与电场促进水汽凝结-液滴生长理论研究,初步理论研究的结果见图5.6。

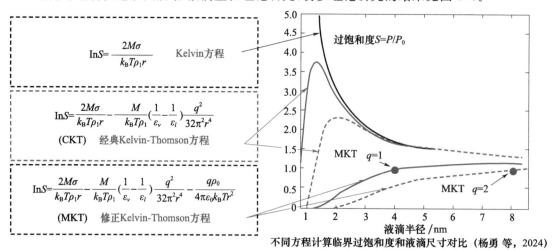

不同方程计算临界过饱和度和液滴尺寸对比 (杨勇 等，2024)

图5.6　荷单 q/双电荷 $2q$ 离子在临界饱和环境中可诱导水汽分子凝结生长为纳米级液滴的示意图
(华中科技大学李传、王鹏宇供图)

通过对不同方程计算临界过饱和度和液滴尺寸对比,可见,单/双电荷离子在临界饱和环境中(过饱和度 $S=1$)可诱导水蒸气凝结生长为纳米级液滴(半径 8 nm)。

实验:电晕供给带电粒子的实验结果见图 5.7。

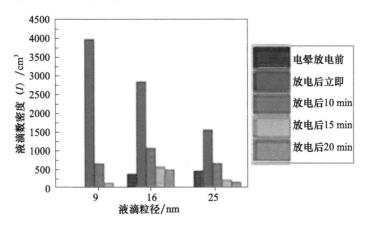

图 5.7　电晕晖放电前、放电后立即、放电后测得的滴粒径分布变化(华中科技大学李传教授提供)

电晕放电前,只有 16 nm 和 25 nm 有低浓度滴;放电后立即有 9 nm 的小滴大量形成,而且在 16 nm、25 nm 档的数浓度也明显增多了。

该实验结果表明,电晕放电促进了 9 nm 小粒径粒子的形成,而电晕放电是带电粒子群的提供者。

(2)分子动力学模拟

离子(带电粒子)诱导对凝结水分子数随时间变化的影响(图 5.8)。

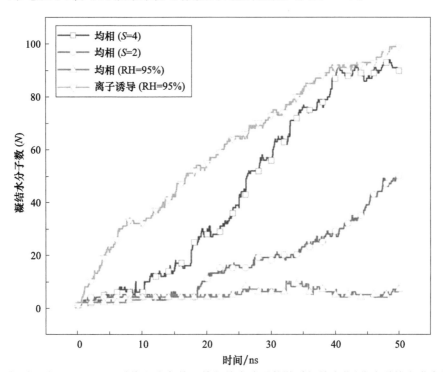

图 5.8　不同相对湿度(RH)和不同过饱和度条件下的凝结水分子数随时间的变化(华中科技大学李传教授提供)

从图 5.8 可见,即使在微欠饱和的条件下,离子(带电粒子)诱导对凝结水分子数随时间增加比过饱度达到 4 的增加还要快。

(3)应用实验(华科大 李传)

应用实验是用等离子体(Plasma)提供带电粒子群,采取对比启动/关闭等离子体的方式,来查看对云凝结核(CCN)数浓度的测值有无明显变化,来验证带电粒子效应的(见图 5.9)。

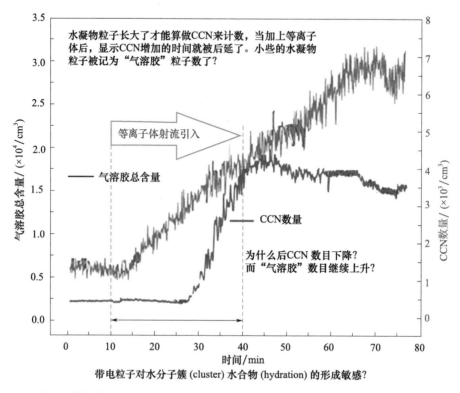

图 5.9 等离子体提供带电粒子情况下相关实验结果的综合图示(华中科技大学李传教授供图)

从验证实验结果清楚地看到,随着启动/关闭等离子体,其 CCN 的测值由升转降,虽然有时间迟后,但这也突显了带电粒子促凝效应的存在!

5.6 小结

带电粒子嵌入的水合物,意味着在分子层次上把比氢键力强 7~8 倍的离子键力引入了水合物内,变更并强化了其内在力场,从而增强了对周围水分子吸引汇集能力。带电粒子的后续嵌入,促进了初始凝结、打通了寇拉位垒,使原先的被动性水分子凝聚变成了主动吸引性的聚凝。导致寇拉曲线变成了无势垒的蓝线,这比依溶液效应来修改寇拉曲线更有利于促进凝结。而且,加带电粒子群也比产生溶液滴群更易于实现!

看来,微-介观态的水汽分子-离子的分子间内在力场的性征,从本质上就不同于外加电场或宏观电场下对偶极性水汽分子的聚集-初始凝结或者微滴间碰并影响的外电力场的性征!

5.7　如何从第一性原理来理解带电离子效应链中的疑难环节？

5.7.1　相关事实

水分子是否存在团簇结构、水合物？带电粒子能促使簇团及水合物形成及其后会出现什么效应链？

以上问题皆在图 5.10—图 5.13 中给出了回答。

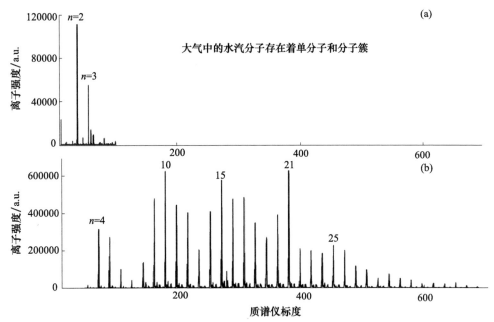

图 5.10　大气中的水汽分子存在着单分子和分子簇的实例(杨鹏 等,2009)

(a)使用强干燥剂时和(b)无干燥剂时的介质阻挡放电产物质谱图

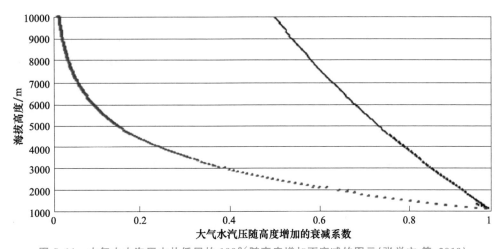

图 5.11　大气中水汽压力从低层的 100% 随高度增加而衰减的图示(张学文 等,2010)

(左侧线型是实际水汽压力,右侧线型是水汽压力的理念递减情况,两者的差异明显意味着团簇的普遍存在)

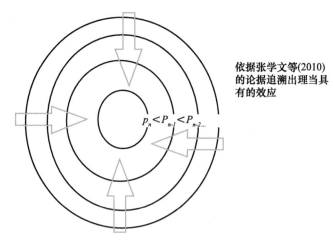

随着水团簇的N变大，形成一个水汽压负压场，导致水汽向此地汇集

图 5.12 当局地形成水分子簇团时该地域应出现水汽"汇"的机理示意图

$$p = \rho RT/m$$

式中：m 为气体的克分子量，R 为通用气体常数，T 为绝对温度，p 为气体压力，ρ 为密度。显然，对于压力和温度都相同的气体，分子量越大，其密度也越大。

据此，当水汽分子由单分子变成多分子簇过程中，如 ρ 不变则 p 应减小；如 p 不变 ρ 应加大。

由此推断，当水分子由单变簇的地方，水汽应从周围向这里汇集。

水团簇 $(H_2O)n$，$n = N, N-1, N-2, 3, 2, 1$；p_n 不论是密度加大或压力减少皆导致水汽向其聚集。

离子、水分子⇒水合物

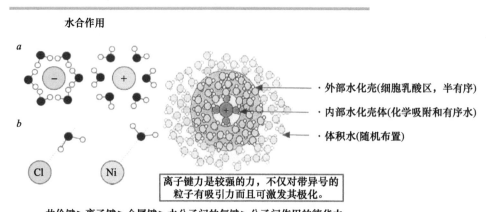

图 5.13 水合物形成过程及水合物分层结构的图示（夏安东供图）

＊离子与水分子的作用：离子附近形成的强大电场（库伦力）迫使部分水分子在离子周围出现定向排列，形成水合物，称为离子水合效应。紧靠离子的第一层水分子定向地与离子牢固结合，与离子一起移动，不受温度变化的影响，这层叫第一水合层。离子水合效应会改变水分

子原来的结构。

＊水分子簇（Cluster）是通过水分子间较弱的氢键（力）网络形成的。

＊在水成簇或水合物生成长大区中，理当出现水汽的"汇"域和等效比湿增大！更促进了初始凝结发生。

＊水分子→水分团簇＋水合物，是形成聚合态的初始凝结过程，应放热？如放热，则会加热云体，增加浮力，加速云发展。有了云的发展，致雨才有希望。

5.7.2　再看下列基础数据

①从水相变中的力（热）比拟看端倪：

＊水的冻结热＝5.0 kJ/mol，

氢键＝23.0 kJ/mol（4 倍于水的冻结热），

四倍于水冻结热所对应的氢键力可发生并维持着水冻结；

＊水的气化热＝40.8 kJ/mol，

离子键＝161.0 kJ/mol（4 倍于水的凝结热），

又是四倍于水冻凝热所对应的离子力可发生并维持着水凝结。

由此类比，带电粒子形成的水合物中对应的离子键力，如果比氢键起码强 7～8 倍，就达到了 161～184 kJ/mol。理当能促进水汽的初始凝结！

②再有 2 个基础数据的约束。即对任何克分子摩尔体积（22.4 L）和克分子摩尔体积内的微粒数（阿伏伽德罗常量：约 $6.02×10^{23}$ 个）。

这意味着，随着水分子团簇的增长，含水分子数的增加，必然会使内含颗粒数减少；其克分子数（摩尔）的大小在变大中。如果仍需受到 2 个基础数的约束，就会出现周围的水物质颗粒的汇入。

这些具有第一性原理的理化数据决定了"带电粒子效应"的必然性及显著性。

飞秒激光产物的效应及应用

飞秒激光人工影响天气的物理基础是:基于飞秒激光在大气中传播时能形成"光丝"。其原理简述如下:作为高峰值功率的飞秒激光在空气中传输,空气会形成类似聚焦透镜的效应,即自聚焦导致激光强度显著变大,以致于电离空气,产生等离子体。等离子体的折射率是负值,具有负透镜效应,使得光束发散,两者平衡—产生高强度激光等离子体通道,"光丝"(图 6.1)。

等离子体(Plasma),能提供带电粒子群。

6.1 飞秒激光的实验结果

飞秒激光在空气中形成"光丝"的物理过程见图 6.2。

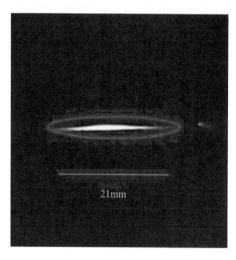

图 6.1 飞秒激光成"丝"的照片
(上海光机所实验室提供)

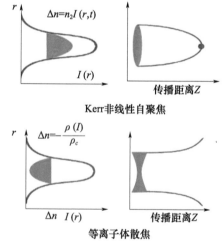

图 6.2 飞秒激光"光丝"形成的非线性光学
自聚焦及等离子体散焦过程示意图
(Couairon et al.,2007)

飞秒激光在大气中形成的产物:冲击波、蜕变声波、留下高热光丝区。

Excitation(激发):平衡→不平衡。

relaxation(弛豫):不平衡→平衡。

激发时段 ps 级,弛豫时段 ns 级。

光丝效应激起的起涡实验图列见图 6.3 和图 6.4。

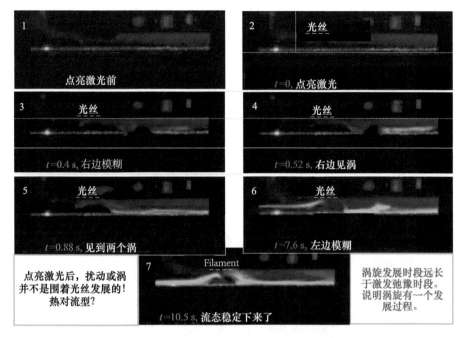

图 6.3 飞秒激光光丝起涡实验图

(Ju et al.，2014)

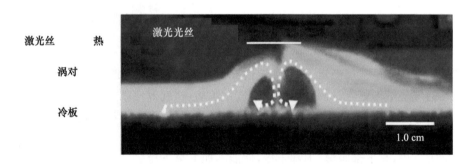

图 6.4 飞秒激光所击起的涡为什么不对称，是应力涡吗？

应力涡？冲击波既然是激光丝激发的，冲击波能应演化为应力涡，它就该围绕着光丝！为什么涡只出现在光丝下面（半场）呢？

是实验照明和显示方的问题吗？（注意！探测激光直径 2 cm）

实验结果的分析如下。

实验表现的是激光的确起涡了，但是什么性质的涡？

实验图像是不对称的，且"涡对"只在光丝下面，而数值模拟图像是对称的，何故？

模拟的模式依据的物理模型是可以主观选择的，选择是热对流时，模拟结果就是热对流，且热对流是对称的。

而实验是没有选择的，该出什么涡就出什么涡。既然出现的涡是不对称的，故实验展现的不是热对流涡，而是应力涡？

热对流（飞秒激光丝加热）激发的涡旋对应是对称的；飞秒激光光丝激发的冲击波和蜕化成雷诺应力场激发的涡旋对是不对称的，这是由应力涡旋的特征决定的。

诱发的涡旋对是不对称的！在两者的共同作用下，涡旋对仍应是不对称的。

为此推断：飞秒激光光丝能够产生"爆炸"和"爆炸效应"。在光丝效应试验中总是伴随着"啪啪"响声，这是不是出现爆炸的佐证？

光丝诱发的涡旋搅动作用可成雪的实验见图6.5。

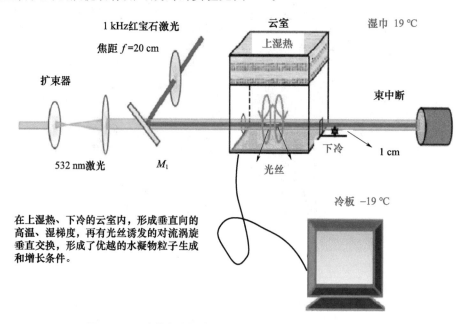

图 6.5 飞秒激光光丝成雪实验的布局图 (Ju et al.,2013)

只有上暖下冷才是气层稳定，形成稳定的高温度梯度，也才能维持住高湿度梯度。

在这样的气层结构下，气层是稳定的，空气不运动，梯度效应就发挥不出来。

激光激发出垂直环流，上下一有交换，空气在强温、湿梯度中运动了起来，就形成了水汽的饱和或高过饱和，凝结增长就获得了优越的环境条件。

在实际大气中，是下部暖湿、上部干冷，储能不如上热下冷多，梯度不会太大。

光丝诱发的热力对流涡旋和爆炸冲击波激起的动力-应力涡旋哪个起着关键作用？

6.2 激光轰击水凝物粒子实验

在图6.6的2个实验中，皆出现了前后向的羽状喷舌、粒子汽化、爆炸、射流、冲击波、碎片群等产物。历时3~12 μs，没有见到涡旋运动。

在上海光机所的光丝起涡实验中，从起涡到涡发育成熟，历时1~10 s。

光机所也做了 Ps 激光轰击粒子的实验视频（历时17 s的动画）。

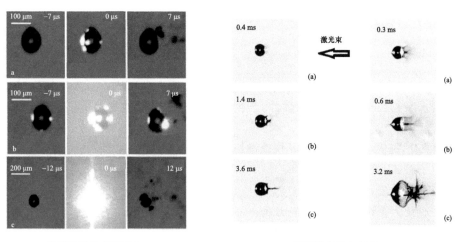

飞秒激光轰击冰粒子　　　　　　**飞秒激光轰击水滴**

图 6.6　飞秒激光轰击水凝物粒子实验结果的图片展示（Mary et al. , 2016）

6.3　激光激发云凝结核 CCN 实验

　　在空气中, 激光照射可以发生特殊的光化学反应, 形成一些氮盐粒子。而它们具有云凝结核的作用。

　　实验结果见图 6.7。影柱区是有激光照射的 CCN 浓度测值, 柱间白区是不加激光的对比测值。

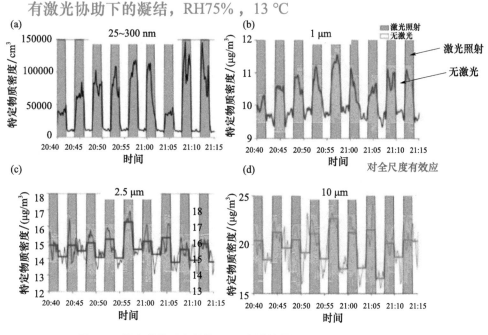

图 6.7　激光激发云凝结核 CCN 实验结果展示（Henin et al. , 2011）

加不加激光照射,CCN 测值有明显跳跃。

6.4 小结

激光轰击水凝物粒子,使其汽化、爆炸,产生冲击波、射流、局地加热,可能引起的云体宏、微观效应:

①水凝物汽化,提供水汽促进冰粒子快速增长(逆向贝吉隆过程);增加水汽促进新粒子生成;

②促使粒子破碎、繁生;

③加热启动热对流;

④冲击波蜕化为雷诺应力,激起应力涡;

⑤助生凝结和促进性能优越的吸湿性云核形成。

可见,激光可产生多种能影响云-降水过程的宏、微观进程(播撒或动力扰动)。

射流涡旋与热对流涡旋及应力涡旋的区别见图 6.8。

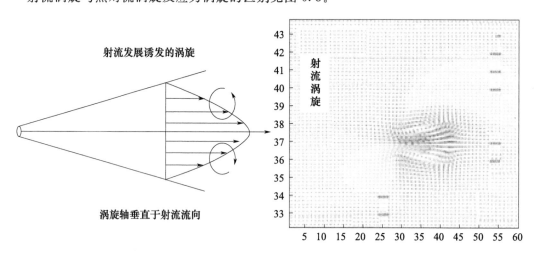

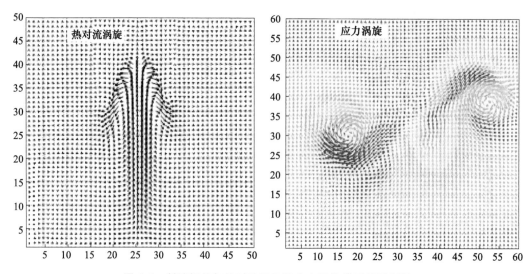

图 6.8　射流涡旋与热对流涡旋及应力涡旋的区别示意图

关于爆炸产物蜕变成的应力场物理模型及应力涡旋的形成过程见图 6.9。

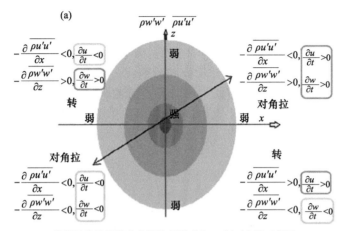

爆炸诱发的雷偌应力场物理梯型在X-Z剖面上的示意图

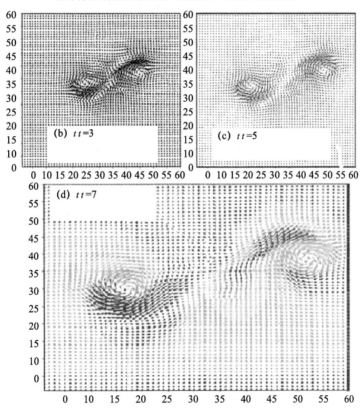

图 6.9　爆炸引起的应力场物理模型(a)和在静止连续空气介质中激发出应力涡的过程(b)

从图 6.9 看出,在静止连续介质空气中,在爆炸应力场的作用下,空气开始运动。先从应力场来观察空气如何运动:由于第一象限的应力特征是使 $du/dt>0$、$dw/dt>0$,即同向加速,第三象限的应力特征是使 $du/dt<0$、$dw/dt<0$,即同向减速,于是在第一至第三象限间形成了对拉之势;而在第二象限的应力特征是使 $du/dt>0$、$dw/dt<0$,即形成扭转之势,第四象限的

应力特征是使 $du/dt<0$、$dw/dt>0$，也形成扭转之势，只不过是与第二象限扭转方向相反。再从空气运动的连续性约束又会如何运动：当空气在第一至第三象限间出现拉动时，受到连续介质运动的约束必然诱发补偿气流，在第一、二象限补偿气流的发生使这里的 $w+$（加速），而在第三、四象限间出现的补偿气流是 $w-$（减速），可是须注意到其补偿流动的 $w+$ 或 $w-$ 是与当地的应力驱动的 w 变化趋势相反的。由此看来，先得满足连续性要求，形成补偿流形后，在应力场驱动下再行调整（图 6.9a）。在伴随补偿流和局地应力场作用的协同调节中，第一、二象限处的 $w+$ 逐渐扭转为 $w-$，而第三、四象限处的 $w-$ 则逐渐扭转为 $w+$。经过这 2 个（连续性约束下出现的补偿流、应力场强迫下出现的调整流）因子作用后就展现为图 6.9（b—d，$tt=3$，$tt=5$，$tt=7$）的具有应力涡特征的流形了。

6.5 对激光效应的期待

＊在云-降水物理中有两个重要的环节，即云尺度粒子（云滴、云冰）可迅速长大成降水粒子（雪冰、霰、雹）的贝吉龙过程；大雨元粒子繁生更多的雨元粒子的雨元繁生过程。

用激光来制造贝吉龙环境和雨元繁生是实施微物理影响所期待的。

＊云的动力场是起主导作用的，促进云动力与微观场的适配是人工影响天气的目标。用激光来诱发涡旋是实施动力影响所期待的！

激光的特有功能如下。

(1)激光汽化水凝物粒子的云-降水微观物理意义

对于没有可播性的缺液态水的冰云，使一部分水凝物粒子汽化，增加了水汽量或饱和度，使其他水凝物粒子，特别是冰粒子能快速增长，从反方向启动贝吉龙过程。

激光照射云，就可以使一部分冰水粒子汽化，就人为地增加了当地的水汽量，使其他冰晶得以长大，从另一个角度启动了贝吉龙过程，也减少了消耗水汽的粒子数，这就会促使非降水云体产生降水。

激光的优势是能够把水凝物粒子变成水汽，变更云粒子的组分和优化增长环境。这是常规人工降水措施做不到的。换言之，在云体中存在大量冰粒子及缺少过冷水和水汽供应不足的情况下，启动贝吉龙过程的势态是冰等水（使冰变为水或水汽，这是激光可以做到的）。

(2)激光破碎水凝物粒子的云-降水（微观）物理意义

在另一类云体结构下，如，水汽供应很充足，但"吃者"（雨元）偏少，也造成云体降水效率不高。为了增加"吃者"，激光能够打碎云中的大粒子，来繁生雨元，从而提高云体的降水效率来增雨。

激光另一个优势是，能够把大水凝物粒子打碎来繁生雨元，不是靠播撒微米级核经过长大后成为雨元。这样的雨元繁生可以更有效、更快捷！

(3)激光轰击水凝物粒子产生的爆炸或加热的云体动力学（宏观）意义

热力对流涡旋和应力涡旋，这两类被激发的涡旋可以有重要的动力效应。

理论上，热力对流涡旋与应力涡旋区别表现在两方面：热力对流涡旋是三维对称的，温差梯度越大，对流的闭合性越强；应力对流涡旋是雷诺应力场激发的，是不对称的，应力场是冲击波能量在外传中迅速衰减转化成的扰动速度梯度场构成的。

在人工影响天气的作业中伴随着爆炸,涡旋动力效应经常被观察到,它的特点是起效快,但需要消耗上百发炮弹,安全性较小,还得申请空域,经常耽误作业。

考虑到飞秒激光成丝是有条件的,位置虽然可调但调幅可能不满足人工影响天气作业的位置要求。而云中总是有水凝物粒子的,如果用强(ps)激光直接打在粒子上,粒子发生爆炸,也产生冲击波、局部强加热等,是否可与"光丝"产生的效应相当?

6.6　应用前景及应用瓶颈

激光效应不但具备实施通常各类影响云-降水各个环节的功能,而且还有其独有的功能。为此,在如何应用上是非常值得开发的。目前的瓶颈就是作用尺度太小。

鉴于飞秒激光在大气中形成的"光丝"尺度只有厘米大小,激发的热力或动力涡旋尺度仅能达到几厘米(处于湍流内尺度范围,按常理会被耗散掉)。而炮、火箭、燃气炮激发的涡旋对可达到几百米,两者的尺度差有 5 个量级! 能否使涡旋尺度快速增大(单个增长或被组织起来)4 个量级呢? 或者,如何使飞秒激光起作用的尺度大幅度增加 4 个量级呢?

在用激光引雷电方面,通常启动闪电的先导放电的尺度,上行先导的长度较短,在高处可为 10～400 m,在低平处也有几米到几十米;下行先导较长,皆在 1000 m 以上。人工引雷,是激发上行先导放电。光丝显示的等离子区的尺度与自然上行先导放电的尺度比也嫌太小。

图 6.10 是实验展示飞秒激光能促进非饱和凝结而局部成云的结果图。

图 6.10　飞秒激光促进非饱和凝结局部成云实验结果图示
(Jéxrôme et al.,2010;Philipp et al.,2010)

应当考虑,在不稳定条件下,可能出现的互激或非线性效应,期望出现"星星之火可以燎原"的情景。如果"星星之火难以燎原",那么"群星之火"可否燎原呢?

例如,已正在开发中的光丝阵、激光点群等(图 6.11)。

图 6.11　一维光丝阵示意图(图引自 Jean-Claude et al. ,1997)

　　鉴于激光不仅能够提供人工影响天气需要的各种外加的宏微观效应,还具有自己的独特功能;随着激光技术的发展,在克服了应用障碍后会显著地强化人工影响天气实施能力;再加上激光设施可以安装在飞机上,促进人工影响天气实施的(以空中飞行器为实施平台)空基化,还有望变更地基的"守株待兔"局面和提升工程的集约化。

强变频声场、礼花弹、燃气炮的产物及可能的效应

7.1 问题的提出

随着对流云防雹、增雨的机理探寻，明确了爆炸"动力扰动效应"的主导作用，强调了实施动力扰动的重要手段是高炮炮弹在云体中的爆炸作用。实施对空射击人工影响天气作业前需要申请"空域"许可，经常会出现空域限制而无法实施。过去试验中使用过的地面爆炸、低空礼花炮、地基声喇叭和燃气炮等手段再行启用，目的都是试图绕过对空射击需要空域申请这个"关卡"，因此，开发不需要空域申请（只需备案）的低空动力扰动设备就提上了日程（图7.1）。

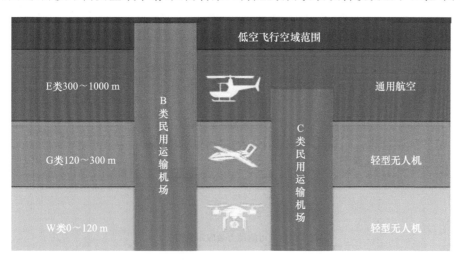

图 7.1　最新 1000 m 以下范围方案图[此方案已在几个省(区)试行中]

20 世纪 60—70 年代，我国曾运用过土炮、礼花炮或空炸炮来防雹，70 年代后又被更好的三七高炮所替代，目的是提高爆炸的高度。换手段容易，考察各种手段的效果能否与高炮爆炸效应的结果类似，就成为必须回答的问题了。土炮、高炮、火箭、燃气炮、礼花炮等手段皆伴有爆炸（轰）效应，会出现冲击波及随后的蜕化产物：非均匀强声等扰动效应。差别在于扰动效应出现区域及其对云体不同位置结构的影响。由于燃气炮在爆轰时还会出现炮口射流，所以以燃气炮为例，给出其动力学产物及动力学模型，如图7.2和图7.3所示。

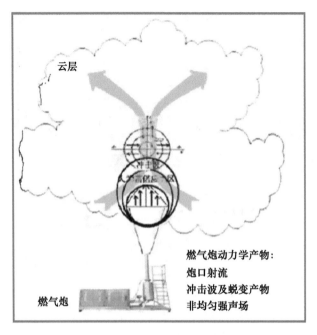

图 7.2　燃气炮的产物及可能效应

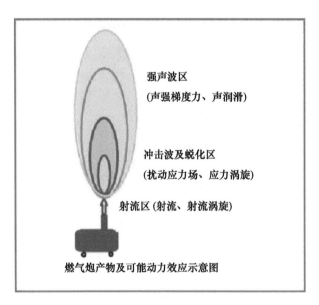

图 7.3　燃气炮效应的动力学模型

　　强变频声场,强是指其具有非线性声波的特征,变频则是指在同一声强下可因振动频率不同而具有不同的振幅或振速。

　　自 2015 年来,开展动力扰动相关外场试验的有:寿县、延庆燃气炮-火箭效应测试(中国华云气象科技集团有限公司)、气声喇叭(海淀)、平谷试验[北京清音普惠气象有限公司(清华)]、临汾燃气炮试验(北京厚力德仪器设备有限公司)、声喇叭高原增雨试验(青海大学)、电声喇叭雾灵山照云试验(中国科学院大气物理研究所和中国电子科技集团公司第三研究所)、北京香山、正阳门专项试验(北京市人工影响天气办公室)、燃气炮增雨试验(湖州市气象局)、多站多目标外场试验(广东省人工影响天气办公室)、陕西梁谷等地燃气炮"炮响雨落"试验(陕西省人工影响天气中心),以及筹划中的齐齐哈尔外场试验等。这些试验皆得到各级气象和人工影响天气部门的大力支持,虽得到了一些科学问题的线索(黄钰 等,2023;杨慧玲 等,2024),但大都尚未成文发表,推敲起来仍有疑问,尚不能作为定论,只能视为"端倪"。

7.2　动力扰动效应的模拟研究

　　动力扰动效应的模拟研究需要设计出可得到清晰结论的外场试验方案,建立可能存在的各种动力扰动数值模式来模拟各种效应的全过程,并通过试验观测结果,展示出一些依据产物,看看各种效应能否抑制上升气流、"声润滑"增加了某些水凝物粒子落速等,科学理解试验中所出现的种种现象(图 7.4—图 7.7)。

　　G 类动力扰动中心位于 300 m 处的模拟图列见图 7.4、图 7.5。

　　W 类动力扰动中心高度位于 120 m 时的模拟图见图 7.6。

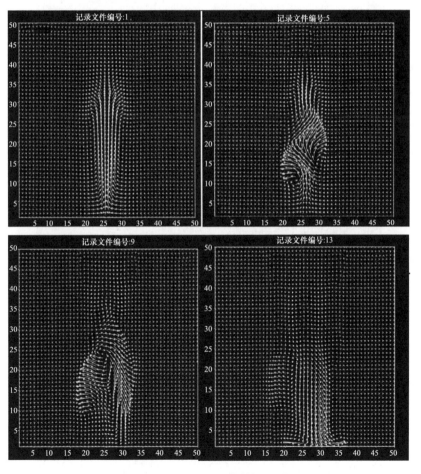

图 7.4　动力扰动效应模拟垂直剖面(G 高度 300 m)

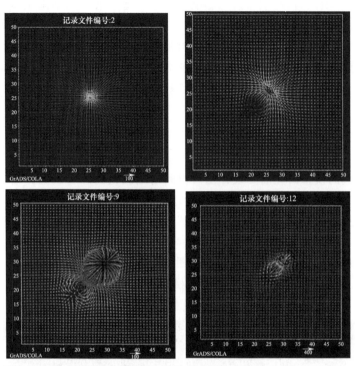

图 7.5　动力扰动效应模拟水平剖面（G 高度 300 m）

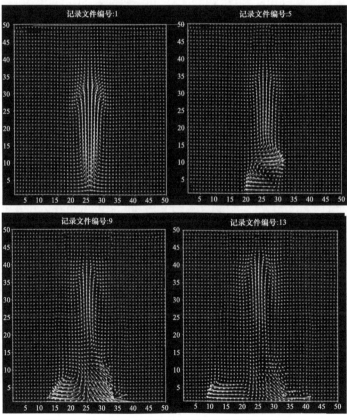

图 7.6　动力扰动效应模拟垂直剖面（W 高度 120 m）

地面动力扰动中心高度位于底层时的模拟图列见图 7.7。

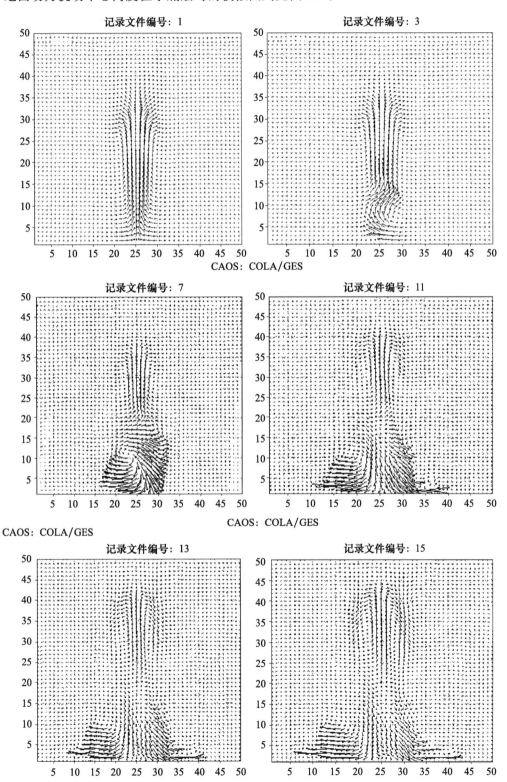

图 7.7 动力扰动效应模拟垂直剖面（G 地面）

以上图示表明,作为连续介质的流体流场,虽然动力扰动加在 300 m(G)、120 m(W)及在地面(D)对上层对流流场皆有影响,但是加在 G 层的动力扰动可以使整层上升气流转为下沉,而 W、D 则明显影响低层气流,达不到上层。

7.3 局地背景风转向表现

值得注意的是,在多次燃气炮试验中,皆出现了地面优势风转向的现象。是不是与地面燃气炮激发出的应力涡旋,对试验点空气施加的强迫相关(图 7.8)?

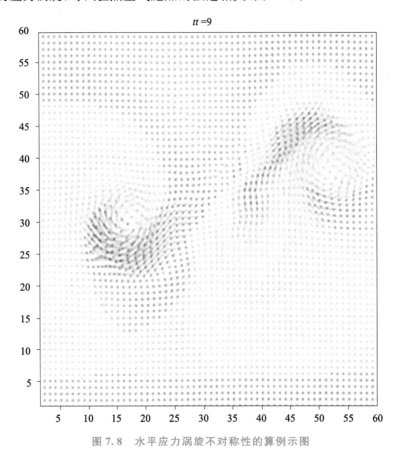

图 7.8 水平应力涡旋不对称性的算例示图

7.4 润滑效应

声场照射雨滴的"润滑"效应已在《中国的防雹实践和理论提炼》里做了些介绍。现在再强调一次,普朗特《流体力学导论》(普朗特,1974)给出的"绕往复振动的圆柱-球邻域可激出二次流"图例。这意味着,水滴在声振场中的运动边界层由滑动变成滚动,应减小滴的降落阻力,比起声振作用引起的运动边界层内动量交换导致的分离点后移的润滑作用更为明显(图 7.9)。

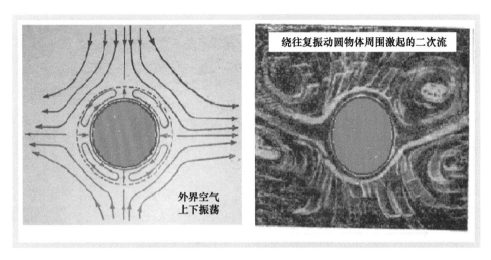

图 7.9　振动激起的二次流使边介层内的流动由滑动变为滚动的示意图

7.5　小结

在已有组织的试验中,虽看到了多种多样的"端倪":"炮响雨落""声照云开""激发次级流动""盛行风转向"等,但目前仍不能作为直接证据,还应该组织可拿到"立竿见影"证据的试验。试验设计示意见图 7.10。

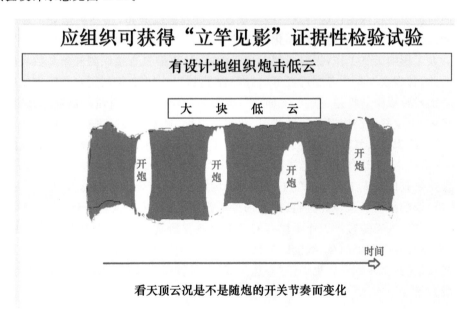

图 7.10　可预期得到的炮击低云时段的炮响云开的序列试验结果示意图

相关动态的简论和简述

在本章将简论和简述无人机、人工智能（AI）和因果学在人工影响天气中的应用。笔者虽是外行，但也在初学中。本不该在此"班门弄斧"，但被业内长期存在的一些"瓶颈"卡得寸步难行的情况下，不得不去气象学科外寻求破解思路。近几年，笔者到气象学科外进行了"研学旅游"，确有了"柳暗花明又一村"的感觉，于是也顾不得所说是不是准确无误，只想把"研学旅游"感受说出来，期盼能激起年轻学子们的"好奇心"和"求知欲"。

8.1　无人机的应用

人工影响天气中如何使用无人机？不是无人机的通常使用，也不是用无人机去替代有人机可做的事情，例如，强对流云中的参数场直接获取是必须由无人机群来完成的事情。

当前的对流云直接探测仅能得到一些零星的点线或廓线分布，得不到全场。遥感探测虽然可以得到参数的函数场，还需反演同化成为参数场，而且在反演同化中也需要用到直接探测场的协同。人工影响天气工作，需要了解对流云的实况，更需要直接探测气象参数场的时空分布情况。为此，甘肃省气象学者廖远程等（1982）曾于 1971—1979 年利用永登防雹试验基地中出现的 140 次雹日取得的雷达、探空、地面等气象资料，对雹云内外气流和温度的垂直分布、地面的辐合风场、中空气流结构以及层结状况、负温区厚度、逆温层特征进行了分析，并与雷雨云相互对比，试图认识雹云气流和温度的特殊分布，了解它们对冰雹生消的影响。陈洪滨创新团队（私人学术通信），鉴于国内外虽已进行过许多飞机探测云水的试验，但所获资料仍不能满足云降水精细化研究以及人工影响天气工作等方面的需要，利用现已研制成功的微型飞机，进行了数次（对流）云的探测试验，观测项目是云内外的温、压、湿、风和云粒子谱，为云降水物理理论研究、模式研究、人工防雹等工作提供有特色的资料。所谓特色，应是可反映云体时空一致的场分布，而不是时空有别的点、线上的参数值。两代学者，廖远程、陈洪滨为了得到对流云内参数的直接场结构，奋斗到退休也未能"心想事成"。关键是难在把"探测仪"群按设计投放到预定位置处。

2021—2023 年，新疆在阿克苏的乌什县设立了冰雹外场探测试验基地，采用 TK-2 GPS 气象探测火箭发射系统，对雹暴进行下投式外场探测，获得了雹暴发展中多要素垂直廓线的时变特征（图 8.1），但仍不是二维、三维场。图 8.1 呈现出湿稳定度随时间的变化是趋于湿中性（廓线直立）。

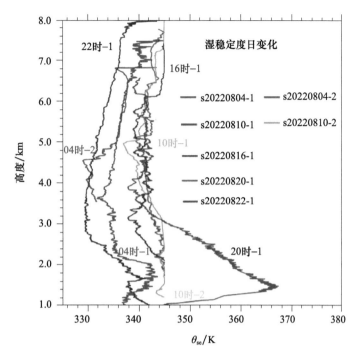

图 8.1　乌什冰雹外场探测采用 TK-2 GPS 气象探测火箭系统,对雹暴进行下投式探测中获得的
雹云湿稳定度时变廓线(范宏云提供)

　　现在有了无人机群,是否可以来做这件事? 例如它的点阵排列着空间位置相对可控,携带或释放探测仪就可以同时布好一个观测网(虽然这个点阵网处于对流流场中会随时间在变形,但只要能抓紧时间在点阵网尚未严重变形之前取得几组数据,仍有可能获得短时场资料)。然后让它们去直接观测一些其他手段观测不到的参数,得到一个时空一致高分辨率的、有动力学意义的场结构(而不是廓线),这可能是无人机群探测的优势。

8.2　人工智能在人工影响天气中的运用和如何发挥作用

　　在第 4 章中已论述:在描述非线性系统演化的相空间中,会出现“多态”解时如何判定是哪个解,是真解或是在分叉点选择走哪个叉的难题? 为破解人工影响天气难题,此事必须做,但做起来因海量的数据和繁琐的处理过程非人们所愿或所能承担的。特别是人工影响天气学科基础之一的 γ 小中尺度动力学是高度非线性的,更是困难。因此,AI 最适合来做此事。譬如,人工分析大数据求规律或从历史资料中找相似个例,确有体力和能力上的限制,但让 AI 来做,就变为“探囊取物”。

　　AI 何以有此等神通? 从 AI 的本质来看是动态求 X-Y 的多层线性回归,数学角度上多层就是升维处理,运行过程则是降维处理。先升维可纳入足够多的影响因子 X_i,以利于拟合出接近自然的 Y_j,后依各个影响因子的实际影响大小,再做降维处理去探求最佳近似解(从思路看起来,类似于在求解方程组中解不确定或无精确解的问题),从而把通常用来模糊判断的统计手段,做成可以给出明确判断的计算机模块。

虽然 AI 技术看起来已"修行"到"极速成仙"的地步,但要把 AI 应用到人工影响天气上目前面临的困难是缺少海量对口的大数据支撑,在现有的数据集中可用于人工影响天气方面数据估计会很少,特别是对于小尺度对流云体演化路径及其对人工影响天气作业效应如何作反应的信息,很可能是"空"的? 如何"由空变实,由缺变丰"还得烦劳有远见的人工影响天气学子"未雨筹谋"地先行补上!(如何补? 请参看第 4 章中提出的建议)

8.3 判定因果关系及开拓效果评估科学观念的新思路(仅作为向复旦大学梁湘三教授学习心得大意)

人工影响天气工作中的观测布局、作业设计、效果检验等方面,皆需考察其中的因果关系。因此,作为跨学科的初学者学习心得向业内学子汇报,但愿有助于广大人工影响天气从业者理解在因果学框架下的物理-数学-逻辑等跨学科融合中所迸发出的创新活力,体会到开拓视野及融会贯通的重要性,引起读者主动去关注"因果学"的进展和应用。

信息的基本作用在于消除对事物认知的不确定性。对于不含不确定性的确定性事物信息很多是多余的,只有对不确定性事物信息才有有效信息量,才需要用信息来消减不确定性,信息不仅单看其数量,还要看其发生的概率分布。信息熵是信息论中对信息特征描述的一种方式(下简称"熵"或"香农熵"),信息熵与热力学熵相反,它只能减少,不能增加。两者在数量上的变化有着物理共性,能用来判别演化方向(熵变不等式);精确的熵变化不仅给出了演化方向而且还可以给出演化量。

香农(Shannon)用概率密度 $\rho(x)$ 来定义信息熵 $H(X)$:

$$H(X) = \sum_x \rho(x) \log \rho(x)$$

主要思路:事物的发展演化有规律所循,因果关系必在其中。人们曾运用了经验探索方案,例如考察转移熵,可是在很多情况下,导致了虚假的因果关系推断。为此,应从最基本的科学视角来观察"信息熵"的变化,对追溯因果关系具有一定重要性。半个世纪以来,探求一个物理上明晰、数量上精确的方案,成为热门话题。欲达此目标必须完成判断因果关系的物理-数学化,不仅需要构建理论系统,而且要有适配的工程运用系统。如何判断因果关系物理-数学化呢? 消减不确定性(Uncertainty)需要有相关信息,而信息的描述是用了信息熵。因此,信息熵的演化(Evolution of Entropy)必须与不确定性的演化(Evolution of Uncertainty)联成一体。不确定性是真实的物理量,它是与其他的大气物理量,如温、湿、压、风场一样具有时空结构。既然人们已推导出了大气温、湿、压、风的动力方程,也应能从第一性的原理(公理)推导出来"不确定性动力方程",并用它来描述不确定性是如何随着动力系统演化而变化,这就应运而生了"不确定性动力学"。作为不确定性动力学的组成部分的信息流/信息传递,理当与追踪因果关系有着密切的物理、数学、逻辑关系,这将成为判断因果关系物理-数学化的基础。

可喜可贺的是:复旦大学梁湘三(Liang,2013)等从 Shannon 熵(下简称"熵"或"信息熵")出发,构造出一套近乎无任何假设的可判断因果关系的数理体系。

现举一个最简单的例子来说明其大意。

如何构建不确定性 H 的动力学方程和估算信息流。

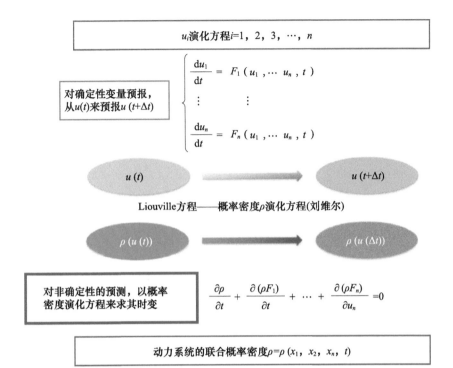

再依照概率密度 ρ 和信息熵 H 的定义及两者的关系 $\rho \sim H$，推导出 H 的演化方程：

$$\frac{\mathrm{d}H}{\mathrm{d}t} = E(\nabla \cdot F) + (\boldsymbol{BB}^{\mathrm{T}}) : 1$$

式中，$\boldsymbol{BB}$ 为扰动矩阵。

如果可以不计扰动或噪声作用，熵变方程中的右边第二项等于零，方程变为：

$$\frac{\mathrm{d}H}{\mathrm{d}t} = E(\nabla \cdot F)$$

这是一个齐次方程。

考虑 2 维 X_1-X_2 系统的不确定性变化，X_2 对 X_1 的纯影响应是 $T_{2\to1}$（图 8.2）。

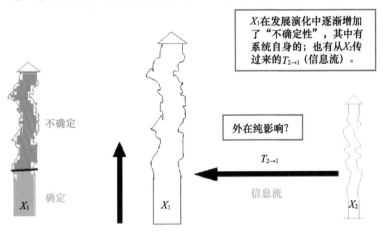

图 8.2　X_2 向 X_1 的信息流

X_1 的信息熵演化方程：

H_1 通过 2 个独有的机制起变化：

$$\frac{\mathrm{d}H_1}{\mathrm{d}t} = \quad \frac{\mathrm{d}H_1^*}{\mathrm{d}t} \quad + \quad T_{2\to1}$$

$$\uparrow \qquad\qquad\qquad \uparrow$$

因 X_1 自身　　　从 X_2 传给 X_1
引起的演化

X_2 对 $X1$ 的熵演化外来项：$T_{2\to1}$ 如何来估算呢？

鉴于 $T_{2\to1}$ 是 $\dfrac{\mathrm{d}H_1}{\mathrm{d}t}$ 与 $\dfrac{\mathrm{d}H_1^*}{\mathrm{d}t}$ 的差，得先估算这 2 项。

$$\uparrow$$

$\boxed{H_1 \text{ 的总变化项}}$

由二维方程：

$$\begin{cases} \dfrac{dx_1}{dt} = F_1(x_1, x_2, t), \\[2mm] \dfrac{dx_2}{dt} = F_2(x_1, x_2, t), \end{cases} \qquad \frac{\partial\rho}{\partial t} + \frac{\partial(\rho F_1)}{\rho x_1} + \frac{\partial(\rho F_2)}{\rho x_2} = 0$$

$\rho(x_1, x_2)$：联合熵 $H = \iint \rho(x)\log\rho(x)\mathrm{d}x$，$\dfrac{\mathrm{d}H}{\mathrm{d}t} = E(\nabla \cdot F)$ 对 x_1，边际密度 $\rho_1 = \int \rho(x_1, x_2)\mathrm{d}x_2$，

$H_1 - \rho_1 \log\rho_1 \mathrm{d}x_1$：

$$\frac{\partial\rho_1}{\partial t} + \int \frac{\partial(\rho F_1)}{\partial x_1}\mathrm{d}x_2 = 0 \;\rightarrow\; \frac{\mathrm{d}H_1}{\mathrm{d}t} = -E\left(\frac{F_1}{\rho_1}\frac{\partial\rho_1}{\partial x_1}\right)$$

E 取括号内函数的数学期望值。　　$\boxed{\text{注意，}F_1 \text{ 在微分号外！}}$

如何去找 $\dfrac{\mathrm{d}H_1^*}{\mathrm{d}t}$？

记住关系式
$$\frac{\mathrm{d}H}{\mathrm{d}t} = E(\nabla \cdot F) \qquad \boxed{H \text{ 对应 } F}$$

这意味着
$$\frac{\mathrm{d}H_1^*}{\mathrm{d}t} = E\left(\frac{\partial F_1}{\partial x_1}\right) \qquad \boxed{\text{妙！ } H_1^* \text{ 对应 } F_1}$$

既然是自身演化，就应按齐次方程来描述

据此导出：
$$T_{2\to1} = \frac{\mathrm{d}H_1}{\mathrm{d}t} - \frac{\mathrm{d}H_1^*}{\mathrm{d}t} = -E\left[\frac{1}{\rho_1}\frac{\partial(F_1\rho_1)}{\partial x_1}\right]$$

E 表示求括号内量的数学期望值。

只有当 $T_{2\to1} > 0$ 时，即信息流不是零，$x_1 - x_2$ 间才会有因果关系，即两者是相关的。

由此可见，会做一般的统计学分析来估算相关系数的，就能算因果关系。

期望业界学子，关注因果学的进展，及时更新效果评估科学观念，为人工影响天气事业的高质量发展打牢跨学科基础，开拓应用前景。

应用举例 2 则，见图 8.3 和图 8.4。

图 8.3 所示的，是用信息流估算方法再现了原设定的 $x_1 - x_2$ 间因果关系，而用传统方法不能做出因果明确判断的。

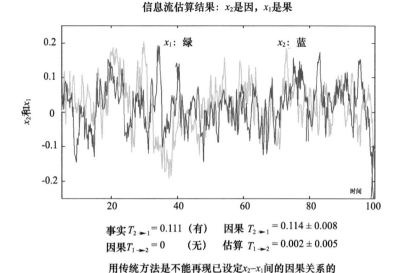

图 8.3　用信息流估算方法再现已设定了因果事实的 $x_1 - x_2$ 间因果关系举例

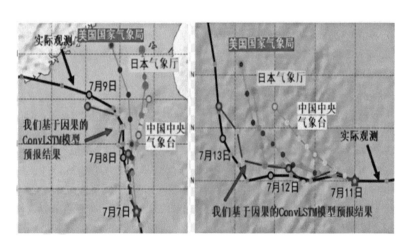

图 8.4　基于因果关系的预报模型明显改进了台风移动路径（梁湘三教授、容逸能博士提供）

参考文献

董亚宁,刘福新,孙鸿娉,等,2023. 一次高炮防雹动力效应的相控阵雷达观测分析 [J]. 气象,49(8): 995-1004.

龚佃利,王洪,许焕斌,等,2021. 2019 年 8 月 16 日山东诸城一次罕见强雹暴结构和大雹形成的观测分析 [J]. 气象学报,79(4):674-688.

顾震潮,1980. 云雾物理基础[M]. 北京:科学出版社.

黄美元,王昂生,等,1980. 人工防雹导论[M]. 北京:科学出版社.

黄钰,温典,许焕斌,等,2023. 基于小波分析的爆轰波扰动响应特征观测试验分析 [J/OL]. 大气科学,DOI: 10.3878/j. issn. 1006-9895. 2307. 23013.

廖远程,李生柏,1982. 冰雹云气流和温度结构分析[J]. 大气科学,6(1):103-108.

普朗特,1974. 流体力学引论[M]. 北京:科学出版社.

孙跃,任刚,孙鸿娉,等,2023. 一次高炮防雹的相控阵双偏振雷达观测特征 [J]. 应用气象学报,34(1):65-77.

王以琳,等,2002. 冷云人工增雨催化区的探空判据 [J]. 气象学报,60(1):111-121.

许焕斌,2012. 强对流云物理及其应用[M]. 北京:气象出版社.

许焕斌,2022. 中国的防雹实践和理论提炼[M]. 北京:气象出版社.

许焕斌,段英,吴志会,2000. 防雹现状回顾和新防雹概念模型[J]. 气象科技,4:1-12.

许焕斌,尹金方,2017. 关于发展人工影响天气数值模式的一些问题[J]. 气象学报,75(1):57-66.

杨慧玲,孙跃,肖辉,等,2024. 安徽省燃气炮人工增雨作业效果综合评估 [J]. 应用气象学报,35(1):103-117.

杨鹏,叶招莲,蒋公羽,等,2009. 大气环境中的水分子团簇分布和 $H+(H_2O)n(n=4\sim16)$ 离子的解离[J],化学学报,67(17):2031-2037.

尹金方,黄洁,史永强,等,2022. Nudging 地面加密观测改进数值模式对城市效应及其触发对流的模拟:一次夜间个例试验 [J]. 热带气象学报,38(3):331-342.

张学文,周少祥,等,2010,空中水文学初探[M]. 北京:气象出版社.

张哲,戚友存,李东欢,等,2022. 2021 年郑州"7·20"极端暴雨雨滴谱特征及其对雷达定量降水估测的影响 [J]. 大气科学,46(4):1002-1016.

钟青,1992. 论发展问题保真计算格式的一般构造原理和若干应用[J]. 计算物理,9(4):758-764.

BERRY E X,1967. Cloud droplet growth by collection [J]. J Atmos Sci,24:688-701.

BERRY E X, 1986. A parameterization of the collection of cloud droplers [C]. New York:First National Conference on Weather Modification:81-87.

BROWNING K A,1964. Airflow and precipitation trajectories within severe local storms which travel to the right of the winds[J]. J Atmos Sci,21:634-639.

BROWNING K A,LUDLAM F H, 1962. Airfow in convectivestorms [J]. Quart J Royal Meteoro Soc,88 (376):117-135.

BROWNING K A, FOOTE G B,1976. Airflow and hail growth in supper cell storms and some implications for hail suppression[J]. Quart J Roy Meteor Soc,102:499-533.

COUAIRON A, MYSYROWICZ A, 2007. Femtosecond filamentation in transparent media [J]. Physics Reports，441：47-189.

HE Hui, LIU Exiang, XUE Lulin, et al. ，2023. Mesoscale numerical simulation on the precipitation enhancement of stratiform clouds with embedded convection [J]. Atmospheric Research，286：1-12.

HENIN S, PETIT Y,ROHWETTER P,et al，2011. Field measurements suggest the mechanism of laser-assisted water condensation [J]. Nature Communications，2：456.

JEAN-CLAUDE Diels,RAHPH Bernstein, KARL E Stahlkopf,et al,1997. Lightning control with lasers [J]. Scientific American，277：50-55.

JU Jingjing，SUN Haiyi, ARAVINDAN Sridharan, et al，2014. Laser induced super-saturation and snow formation in a sub-saturated cloud chamber [J]. Applied Physics B，117：1001.

JU Jingjing，SUN Haiyi, ARAVINDAN Sridharan, et al，2013. Laser filament-induced snow formation in a sub-saturated zone in a cloud chamber：Experimental and theoretical study [J]. Physical Review，88：062803.

JÉXRÔME Kasparian, LUDGER Wöste, WOLF Jean-Pierre,2010. Laser-based weather control [J]. Optica-OPN Optics & Photonics News，21：24.

KASPARIAN J, WOLF J,2012. Ultrafast laser spectroscopy and control of atmospheric aerosol [J]. Phys Chem Phys,14：9291-9300.

KESSLER E,1962. Thunderstorm Morphology and Dynamics [M]. Norman：University of Oklahoma.

LANG X S,2013. Caysality and information flowab initio and their applications [J]. Entropy,15：327-360.

LEE Hyunho, BAIK Jong-jin,2017. A physically based autoconversion parameterization Journal of The Atmospheric Sciences,74：1599-1616.

LI Huiqi, HUANG Yongjie, LUO Yali, et al,2023. Does "right" simulated extreme rainfall result from the "right" representation of rain microphysics? [J]. Q J R Meteorol Soc,57-66：1-30.

LILLY D K, TZVI Gal Chen, 1982. Mesoscale Meteorology-Theories. Observations and Models [M]. Dordrecht：Springer.

MARKKU Kulmala,ARI Laaksonen,ROBERT J Charlson,et al,1997. Clouds without supersaturation,scientific correspondence[J]. Nature,388(24)：336-337.

MARWITZ JOHN D,1972. The structure and motion of severe hailstorms. Part II：Multi-Cell Storms [J]. Journal of Applied Meieorology,11：180-188.

MARY Matthews, FRANÇOIS Pomel, CHRISTIANE Wender,et al,2016. Laser vaporization of cirrus-like ice particles with secondary ice multiplication [J]. Science Advances, 2, E1501912.

MILLER L J,et al,1990. Precipitation production in a large Montana hailstorm：Airflow and particle growth trajectories [J]. JAS, 47：1619-1646.

PHILIPP Rohwetter,KASPARIAN Jerome, KAMIL Stelmaszczyk，et al,2010. Laser-induced water condensation in air [J]. Nature Photon：4：451-456.

RAY Chambers, et al,2022. Nudging a pseudo-science towards a science—the role of statistics in a rainfall enhancement trial in Oman [J]. International Statistical Review. doi：10. 1111/INSR. 12486.

TAKAHASHI T,1978. Riming electrification at a charge generation mechanism in thunderstorms [J]. J Atmos Sci,35：1536-1548.

YANG Y,CHEN H,2024. Ion induced nucleation of charged droplets enhanced by external electric field Phys [J]. Plasmas,31,073505. DOI：10. 1063/5. 0196881.

YIN J,GU H, LIANG X, et al, 2022. A possible dynamic mechanism for rapid production of the extreme hourly rainfall in Zhengzhou City on 20 July 2021 [J]. Journal of Meteorological Research, 36(1)：6-25.

后 记

经过近半年的努力,在本书即将付印之际,笔者感到求学问、办实事必须要有一个协同和谐的环境。本人感觉到体现在两个方面。一是一方有事,八方参与,有主有次。各方皆把此事作为自己的事,群策群力,目标只有一个:把事办成、办好。二是各显其能,学问面前无高低,不论长幼,不顾职称,只辨是非。良好的学术气氛使繁琐的写书经历成为获知识、长见识的"聚宴"过程。活到90岁了再次得到赴此"盛宴"的机会,真是"心花怒放"啊!

本书即将出版,只是完成写书任务的第一步,至于读者满意与否还得继续关注,相信大家还会"从善如流"地做好纠错补充工作的。

既然书的出版是大家完成的,我必须表达我对大家的感谢,而且还应对相关领导、单位给予的大力支持表示感谢!

参与书稿审核、校对、纠错工作的有李圆圆、王红岩、范宏云、樊予江等。

粗框架草稿经濮江平教授审阅后,增改形成一稿。经李圆圆副主任请银燕教授把关指导后,修改成第2稿,并送新疆人工影响天气办公室严建昌主任核阅。综合各方指导意见进行了整体性改写后,提升为第3稿。乘机会又送给吕达仁先生浏览,得到了先生的方向性指导。

在整个稿件形成中,得到了李太宇编审的全力、亲自指导,使我能把一群零散、粗糙的、屡屡出现"词不达意,言不尽意"的PPT素材撰写成接近于"图文并茂"的专题参考书。

在人工影响天气学科和业务发展中,引进外学科的成果起着开拓性的作用。近10年来,如飞秒激光的应用、带电粒子效应对促进水汽初始凝结的探索中,中国科学院上海光学精密机械研究所、华中科技大学皆主动立项,从新技术应用及新原理开发来为人工影响天气事业高质量发展打基础,其中就有王铁军研究员所在的激光科研团队和杨勇教授所在的带电粒子科研团队(包括早期参与方案设计的中国科学院化学所夏安东杰青课题组),并亲自出面来与我们对接交流,开启了3个学科融合发展的新局面。在本书的书写中,这些团队不仅提供了文献资料支持,并核查了笔者在认知上的正误,还增强了大家继续合作共事的热情和获取新成果的信心。

特别是复旦大学教授梁湘三为把他建立的"因果学-信息流"进展及如何应用到大气科学中来介绍清楚,多次亲赴气象部门主动热情地介绍,使我感到合理判估人工影响天气效果的难题有了新希望,所以就以学习心得的方式转述了梁教授开拓新学科的方略大意,可能会有助于克服不利于创新的"好疑心"和增强有利于创新的"好奇心"吧!

愿业内同仁,遵照吕达仁院士倡导的"朝闻道,夕死可矣"之气概,志在必得、充满活力、永不懈怠地追求着真理(真知)的劲头,这才是科技工作者能为老百姓做点实事的根本所在呀!

恳请接受我对大家的衷心感谢!鞠躬敬礼!

2024-09-10